TURING

即学即用的
新手设计系统课

Photoshop
图像创意实训教程

胡为 张建豪 石晓婕 著

Ps

人民邮电出版社
北京

图书在版编目（CIP）数据

优设Photoshop图像创意实训教程 / 胡为，张建豪，
石晓婕著. -- 北京 ： 人民邮电出版社，2023.11
ISBN 978-7-115-62669-1

Ⅰ. ①优… Ⅱ. ①胡… ②张… ③石… Ⅲ. ①图像处
理软件—教材 Ⅳ. ①TP391.413

中国国家版本馆CIP数据核字(2023)第182141号

◆ 著　　　胡　为　张建豪　石晓婕
责任编辑　赵　轩
责任印制　胡　南
◆ 人民邮电出版社出版发行　　北京市丰台区成寿寺路 11 号
邮编　100164　　电子邮件　315@ptpress.com.cn
网址　https://www.ptpress.com.cn
北京宝隆世纪印刷有限公司印刷
◆ 开本：800×1000　1/16
印张：11.25　　　　　　　2023 年 11 月第 1 版
字数：205 千字　　　　　　2023 年 11 月北京第 1 次印刷

定价：69.80 元

读者服务热线：(010)84084456-6009　印装质量热线：(010)81055316
反盗版热线：(010)81055315
广告经营许可证：京东市监广登字 20170147 号

序

相比于2012年“优设”平台上线之时，设计工具、技巧与应用在这十余年中日新月异，广大设计师对“优秀设计”“优秀教程”的追求从未停歇。本质上，掌握前沿设计手法，娴熟运用恰当的设计工具，设计师就可以站在流量的舞台上体现自身的价值，得到积极的回报。

“设计除了是一份工作，它还具备一种魔力，当你第一次用‘设计’解决某个难题，实现某种效果，抑或是上下挪动为那一像素纠结时，你会情不自禁地被它迷住。”我的这个观点得到了许多“不疯魔不成活”设计师的认同。在“优设”，我每天都会看到不少用户将“成为一个专业设计师”作为自己的目标，梦想着自己今后也能做出既美观漂亮又精妙实用的作品。

当然，理想归理想，现实往往有着各种各样的规范与约束。投身设计行业的年轻人，往往会在开始阶段就直面各种束缚，经历各种坎坷。从2K、4K的大屏幕到智能手机屏幕，设计师需要在有限的空间中呈现恰到好处的视觉信息，这些都无不挑战着设计师的技术与想象力。激烈的市场竞争更是不断将设计师的工作量推向极限，特别是AI工具的集中涌现，使得设计师们要掌握的工具更多了。不同年龄和不同地域的设计师们，正在积极地学习和探索。

我们创立“优设”的初衷，就是陪伴设计师度过最艰难的起步阶段，直至进阶成长为中流砥柱式的专业人才。十多年来，我们分享免费素材，设计事半功倍的工作流，创作大家喜闻乐见的免费可商用字体，输出独具特色的设计方法论，搭建备受好评的优优教程网。面向行业的设计新人和爱好者们，我们携手“优设”的名师授业解惑，桃李满天下，而后我们更积极参与产学融合，提升学生实践能力，以“优设”独有的方式为行业贡献力量。我们通过“开放！分享！成长！”的理念来解开设计师身上的束缚，与其并肩走过职场内外的坎坷。

“优设”分享过数不清的高质量设计教程，一直受到年轻一代设计师的广泛好评。令人惊喜的是，越来越多的高校也成为“优设”的坚实伙伴，一起为艺术院校的学子和老师提供最前沿的设计知识和实战教案。本系列教程的出版，也是“优设”对用户期盼的具体回应。在与用户互动的过程中，我们听到了来自用人企业、院校教师、设计新手的种种呼声，他们希望“优设”能够将前沿的设计思想与贴近现实的设计项目结合，创作一份能让新手设计师“看得懂、学得会、用得上”的设计教程。为此，我们心怀敬畏，从多个层面和角度深挖学习需求，精心拟定学习方案，打磨设计项目案例，并邀请拥有多年商业经验与教学经验的设计师共同参与创作，希望它能成为一双翅膀，助力新手设计师飞翔，拥抱变幻莫测的未来。

优设创始人　张鹏

课时建议

<table>
<tr><td>课程名称</td><td colspan="4">优设Photoshop图像创意实训教程</td></tr>
<tr><td>教学目标</td><td colspan="4">了解Photoshop在设计行业中的典型应用，通过项目实操，学会Photoshop的核心功能，掌握图像创意的关键技能，最终能够使用Photoshop完成高质量的设计项目</td></tr>
<tr><td>总课时</td><td>32</td><td>总周数</td><td colspan="2">8</td></tr>
<tr><td colspan="5">课时安排</td></tr>
<tr><td>周次</td><td>建议课时</td><td>教学内容</td><td>项目总课时</td><td>作业数量</td></tr>
<tr><td>1</td><td>4</td><td>电商Banner设计（本书项目1）</td><td>4</td><td>1</td></tr>
<tr><td>2</td><td>4</td><td>人像后期修图（本书项目2）</td><td>4</td><td>1</td></tr>
<tr><td>3</td><td>4</td><td>风景照片调色（本书项目3）</td><td>4</td><td>1</td></tr>
<tr><td>4</td><td>4</td><td>App启动页设计（本书项目4）</td><td>4</td><td>1</td></tr>
<tr><td>5</td><td>4</td><td>电商合成海报设计（本书项目5）</td><td>4</td><td rowspan="2">1</td></tr>
<tr><td>6</td><td>4</td><td>产品详情页设计（本书项目6）</td><td>4</td></tr>
<tr><td>7</td><td>4</td><td rowspan="2">扁平插画绘制（本书项目7）</td><td rowspan="2">8</td><td rowspan="2">1</td></tr>
<tr><td>8</td><td>4</td></tr>
</table>

本书导读

本书采用项目式结构，按照学习目标、学习场景描述、任务书、任务拆解、工作准备、工作实施和交付、拓展知识、作业、作业评价对每个项目的内容进行划分。

学习目标：通过对相应项目的学习，读者可以掌握什么技能，可以达到什么水平。

学习场景描述：相应项目在实际工作中的需求场景。描述读者在做相应项目时的岗位角色、客户是谁、客户会提出什么样的需求，将读者带入需求场景。

任务书：客户提出需求的书面信息，包括项目名称、项目资料、项目要求等。

任务拆解：在实施相应项目时的关键环节。

工作准备：在具体制作相应项目前，读者应该具备的知识，如果已经掌握可以跳过。

工作实施和交付：按照任务拆解的关键环节实施操作，完成项目任务，达到项目文件制作要求。

拓展知识：针对相应类型的项目，读者还应掌握哪些知识或技能。

作业：相应项目讲解完成后，针对讲解项目类型会发布一个同类型的项目需求，用以检测读者是否掌握了制作相应类型项目的技能，能否举一反三。

作业评价：根据作业的需求，从需求方的角度设计评价维度，通过评价维度，读者可自行检测所完成的项目是否达到了交付要求。

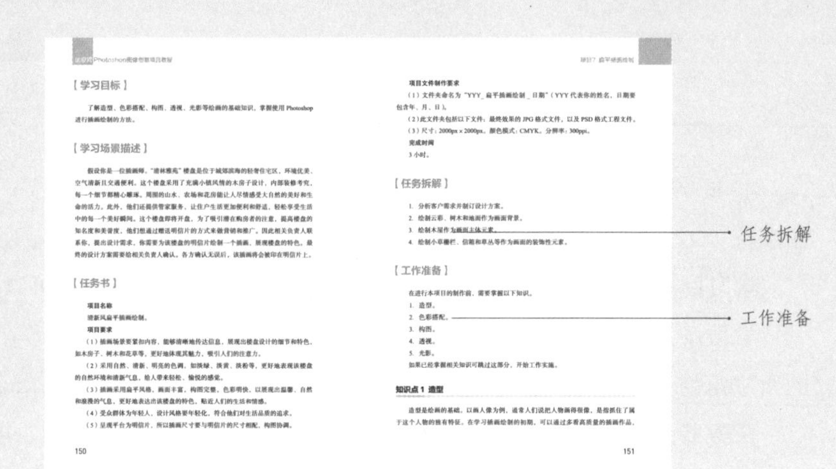

【学习目标】

了解造型、色彩搭配、构图、透视、光影等绘画的基础知识，掌握使用 Photoshop 进行插画绘制的方法。

【学习场景描述】

假设你是一位插画师，"清林雅苑"楼盘是位于城郊滨海的轻奢住宅区，环境优美、空气清新且交通便利。这个楼盘采用了充满小镇风情的木房子设计，内部装修考究，每一个细节都精心雕琢。周围的山水、农场和花房能让人尽情感受大自然的美好和生命的活力。此外，他们还提供管家服务，让住户生活更加便利和舒适，轻松享受生活中的每一个美好瞬间。这个楼盘即将开盘，为了吸引潜在购房者的注意，提高楼盘的知名度和美誉度，他们想通过赠送明信片的方式来做营销和推广。因此相关负责人联系你，提出设计需求，你需要为该楼盘的明信片绘制一个插画，展现楼盘的特色。最终的设计方案需要给相关负责人确认。各方确认无误后，该插画将会被印在明信片上。

【任务书】

项目名称

清新风扁平插画绘制。

项目要求

（1）插画场景要紧扣内容，能够清晰地传达信息，展现出楼盘设计的细节和特色，如木房子、树木和花草等，更好地体现其魅力，吸引人们的注意力。

（2）采用自然、清新、明亮的色调，如淡绿、淡黄、淡粉等，更好地表现该楼盘的自然环境和清新气息，给人带来轻松、愉悦的感觉。

（3）插画采用扁平风格，画面丰富，构图完整，色彩明快，以展现出温馨、自然和浪漫的气息，更好地表达出该楼盘的特色，贴近人们的生活和情感。

（4）受众群体为年轻人，设计风格要年轻化，符合他们对生活品质的追求。

（5）呈现平台为明信片，所以插画尺寸要与明信片的尺寸相配，构图协调。

150

项目文件制作要求

（1）文件夹命名为"YYY_扁平插画绘制 _ 日期"（YYY 代表你的姓名，日期要包含年、月、日）。

（2）此文件夹包括以下文件：最终效果的 JPG 格式文件，以及 PSD 格式工程文件。

（3）尺寸：2000px × 2000px，颜色模式：CMYK，分辨率：300ppi。

完成时间

3 小时。

【任务拆解】

1. 分析客户需求并制订设计方案。
2. 绘制云彩、树木和地面作为画面背景。
3. 绘制木屋作为画面主体元素。
4. 绘制小草栅栏、信箱和草丛等作为画面的装饰性元素。

【工作准备】

在进行本项目的制作前，需要掌握以下知识。

1. 造型。
2. 色彩搭配。
3. 构图。
4. 透视。
5. 光影。

如果已经掌握相关知识可跳过这部分，开始工作实施。

知识点 1 造型

造型是绘画的基础。以画人像为例，通常人们说把人物画得很像，是指抓住了属于这个人物的独有特征。在学习插画绘制的初期，可以通过多看高质量的插画作品，

151

任务拆解

工作准备

工作实施和交付

【工作实施和交付】

首先理解客户的需求，仔细检查原片中存在的问题，如脏点、形体瑕疵、光影等；然后"对症下药"，用恰当的工具、滤镜等对图片进行处理；最终交付合格的图片。

分析原片问题并提出解决办法

原片的问题有 6 个方面，如图 2-18 所示。

① 面部、肢体的皮肤上有多处明显的痘印、斑点、毛孔等小瑕疵，需要用【修复画笔工具】去掉。

② 面部、肢体的皮肤上有些明显的大瑕疵，包括疤痕、没有擦均匀的粉底等，需要使用【修补工具】找近似皮肤进行遮盖，使皮肤更加平滑。

③ 面部、脖颈、腋下的皱纹，以及不好看的纹路，使用【仿制图章工具】进行覆盖、磨皮，让皮肤更加完美。

④ 整体上影响美观的凌乱碎发，背景中的斑点，需要用【仿制图章工具】处理，使画面更干净。

⑤ 客户希望修好的图片具有真实感，可以使用【高反差保留】滤镜和【添加杂色】滤镜来保留皮肤的纹理和质感。

⑥ 胳膊较粗、脖颈较短、手指较粗，需要用【液化】滤镜来调整。

用【污点修复画笔工具】去除小瑕疵

在 Photoshop 中打开原图。在修图之前先复制图层，将新图层命名为"瑕疵"，然后开始修图。处理人物皮肤上明显的小瑕疵，包括痘印、斑点、粗大的毛孔等，使用【污点修复画笔工具】单击即可。注意，在使用【污点修复画笔工具】处理瑕疵时，要根据需要处理的瑕疵的大小来调整画笔的大小。如果画笔大小和瑕疵大小不匹配，则

038

个文件夹，如图 2-28 所示，然后将文件夹提交给客户。

【拓展知识】

本项目主要涉及对人物皮肤的修饰，除此之外，对人物形体的修饰技巧也很常用。

知识点 1 人体比例关系

标准的人体比例为身高是头长度的 7～7.5 倍，因为通常男生会比女生高一些，所以女生的头身比一般是 1∶7，男生的头身比一般是 1∶7.5。人平展双臂的宽度一般等于身高。衡量人体比例时一般以头的长度为单位，如颈部的长度是 1/3 个头长、上肢为 3 个头长、下肢为 4 个头长，如图 2-29 所示。在修图时，一般会把人的头身比往稍微夸张的方向修，这样可以让人看起来更加修长、美丽。

人体在不同的姿势下比例是不一样的，在绘画中有一句口诀——立七坐五盘三半，指的就是人体在不同姿势下头部和身体的比例关系，如图 2-30 所示。这些比例都可以作为实际修图时的参考。

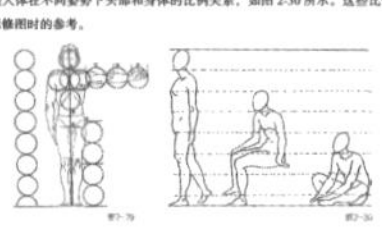

043

拓展知识

作业

【作业】

"快乐购"连锁超市推出了一个同名的购物 App，该购物 App 方便快捷，能够减少顾客排队的时间，还便于顾客选择商品和价格比较，受到了越来越多顾客的青睐。为了向顾客展示促销和折扣信息，鼓励购物，提高销售额，该连锁超市的老板想要为 App 添加一个启动页，因此他请你设计一个 App 启动页，展示促销信息。最终的设计方案需要给超市老板确认，之后启动页将会被发布在 App 上。

项目名称：快乐购 App 启动页设计。

设计资料如下。

名称：快乐购。

文案：优质商品，轻松选购，只在快乐购！

项目要求如下。

（1）突出超市的品牌形象，以便用户能够迅速认出品牌并建立品牌印象。

（2）启动页需要在短时间内加载完成，设计要简洁明了，突出重点信息。

（3）颜色的搭配要与品牌形象相符，同时尽可能使用简洁的颜色和色块。

（4）启动页具有一定的可交互性，需要设计一个按钮，引导目标用户点击。

（5）呈现形式为 App，整体设计要符合 App 的特点和尺寸。

文件交付要求如下。

（1）文件夹命名为"YYY_App_启动页设计 _ 日期"（YYY 代表你的姓名，日期要包含年、月、日）。

（2）此文件夹包括以下文件：最终效果的 JPG 格式文件，以及 PSD 格式工程文件。

（3）尺寸：1242px × 2208px，颜色模式：RGB，分辨率：72ppi。

完成时间：2 天。

098

【作业评价】

序号	评价内容	评分标准	分值	自评	互评	师评	综合得分
01	视觉效果	整体风格是否一致；色彩搭配是否和谐；图形和图像是否与品牌相关；整体设计是否符合品牌形象	40				
02	用户体验	设计是否能够提升用户体验	20				
03	页面引导	交互元素是否清晰直接；是否具有明确的操作指引	20				
04	信息传递	是否突出主要信息	20				

注：综合得分 =（自评 + 互评 + 师评）/3

099

作业评价

目录

项目 1 电商 Banner 设计

项目 2 人像后期修图

项目 3 风景照片调色

项目 4 App 启动页设计

项目 5 电商合成海报设计

项目 6 产品详情页设计

项目 7 扁平插画绘制

项目1

电商Banner设计

Banner是指网幅广告、横幅广告等，是展示商家广告内容的图片，是互联网广告中最早、最基本、最常见的广告形式之一，也是每一位设计师绕不开的实战项目。

在互联网时代，Banner被广泛应用在网页轮播图、推送广告和插屏广告中。这类图片通常设置有跳转功能，用户点击图片，就会自动跳转到指定位置。因为Banner呈现的信息简洁直观，营销效果好，所以Banner逐渐成为电商营销的重要手段。

本项目将带领读者完成一个电商Banner的制作，使读者学会Photoshop的基本操作以及Banner的设计方法。

【学习目标】

了解 Photoshop 的基本操作，掌握【自由变换】功能、【图层】面板、快速选择工具组、【横排文字工具】，掌握使用 Photoshop 进行 Banner 设计的基本方法。

【学习场景描述】

到了冬天，火锅受到大家的欢迎。某某韩餐品牌为了抓住热点，现推出一款套餐，套餐中不仅包括他们的热销菜式——部队火锅和泡菜饼，还有新研发的拌面。为了给这个套餐做推广，品牌方找到你，需要你为其设计一个 Banner，并将最终的设计方案发给品牌方确认。各方确认无误后，会将该 Banner 发布在线上平台。

【任务书】

项目名称

某某韩餐品牌电商 Banner 设计。

项目资料

文字资料："吉"品美食，品美味生活，享吉特品质，领券更优惠。

素材如图 1-1 所示。

图1-1

项目要求

（1）营造画面氛围，能够突出食物的美味。

（2）有良好的构图，能够引导用户点击下单。

（3）颜色简单，能够突出核心内容、清晰传达信息。

项目文件制作要求

（1）文件夹命名为“YYY_ 电商促销 banner 设计 _ 日期”（YYY 代表你的姓名，日期要包含年、月、日）。

（2）此文件夹包括以下文件：未经任何修改的素材图片（客户提供的图片）、最终效果的 JPG 格式文件，以及 PSD 格式工程文件。

（3）尺寸：1065px × 390px。颜色模式：RGB。分辨率：200ppi。

完成时间

3 小时。

【任务拆解】

1. 制订设计方案，符合客户需求。
2. 插入素材，用【自由变换】功能调整素材大小。
3. 为素材添加投影，用图层样式进行添加。
4. 添加文字，用【横排文字工具】输入文字，在【字符】面板中设置文字属性。
5. 绘制装饰图形，用【矩形工具】和【直线工具】进行绘制。
6. 添加装饰元素。

【工作准备】

在进行本项目的制作前，需要掌握以下知识。

1. Photoshop 的基本操作。
2. 【自由变换】功能。
3. 【图层】面板。
4. 快速选择工具组。
5. 文字工具。

如果已经掌握相关知识可跳过这部分，开始工作实施。

知识点 1 Photoshop 的基本操作

下载并安装好Photoshop后，学习Photoshop的基本操作，包括打开文件，使用【缩放工具】【抓手工具】【移动工具】等。

1. 打开文件

（1）打开文件的方式

在 Photoshop 中打开文件的方式有很多，下面将介绍常用的几种。

打开 Photoshop，在软件的初始界面左侧有两个按钮——【新文件】按钮和【打开】按钮。单击【打开】按钮，在弹出的【打开】对话框中选择要打开的文件，单击【打开】按钮即可，如图 1-2 所示。

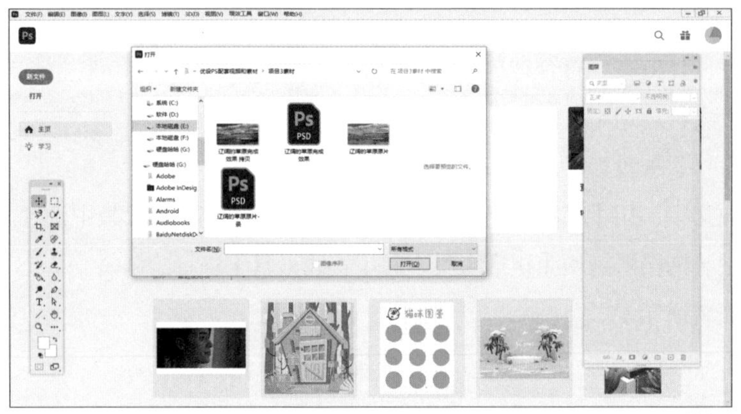

图1-2

执行“文件→打开”命令也能打开文件。

还可以将文件直接拖曳至软件中打开。这种打开文件的方法的具体操作是：将选中的文件从文件夹拖曳到 Photoshop 菜单栏或属性栏的位置，然后释放鼠标左键。

注意 将文件拖曳至软件中时，很容易发生误操作，如果拖曳时不小心在已经打开的文件中释放鼠标左键，那么这张图片将会置入已经打开的图片之中。如果发生误操作，可以按键盘上的Esc键撤销操作。

（2）文件的类型

JPG 格式是人们日常接触得最多的图片格式之一，PSD 格式是 Photoshop 源文件格式，它们之间最大的区别是 PSD 格式可以保存图层。以一张小女孩的图片为例，JPG 格式图片只有一个图层，而 PSD 格式图片有 3 个图层，如图 1-3 所示。

PSD格式文件涉及“透明”的概念。把背景图层隐藏后，可以看到小女孩图层的空白区域有很多灰白相间的格子，这样的格子在Photoshop中代表透明。说到透明，就不得不提到PNG格式。PNG格式是一种可以支持透明效果的图片格式，如图1-4所示。

图1-3

图1-4

2. 缩放工具

使用工具箱中的【缩放工具】可以查看图片的细节。单击工具箱中的放大镜图标可选中【缩放工具】，如图1-5所示。

图1-5

想要放大图片，可以直接在画布上单击想要放大的位置，或在想要放大的位置按住鼠标左键并向右上方拖曳。想要缩小图片，可以按住键盘上的Alt键，当鼠标指针的加号变为减号时，单击画布，也可以按住鼠标左键并向左下方拖曳。

在图片放大或缩小的情况下，按快捷键Ctrl+0可以将图片按照屏幕大小进行缩放。

如果想要查看图片的原图大小，可以双击【缩放工具】按钮，将图片以100%比例显示。

3. 抓手工具

图片放大后，如果想要看图片的其他区域，可以使用【抓手工具】。【抓手工具】在工具箱中，是一个手形的图标，如图1-6所示。

图1-6

单击该按钮，即可使用【抓手工具】拖曳图片，改变图片在屏幕上显示的内容。在使用其他工具的状态下，按住空格键可以快速切换到【抓手工具】。将【缩放工具】和【抓手工具】结合起来使用可初步判断图片的质量。

判断图片质量好坏的方法之一是看图片是否有脏点。如果一张图片的压缩程度过大，画面上就会出现脏点。放大图片，质量高的图片的像素边缘锐利清晰，而高压缩的图片的像素边缘会出现脏点。

4. 移动工具

【移动工具】是工具箱中的第一个工具，如图 1-7 所示。

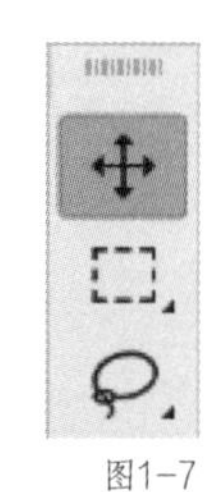

图1-7

选中图层后，使用【移动工具】可移动图层中的内容。在选用【移动工具】的情况下，按住 Shift 键的同时拖曳对象，可以将对象垂直或水平移动。

提示 较新版本的Photoshop中具有【智能参考线】功能。开启【智能参考线】功能后，在移动对象的过程中，画面上将自动出现一些参考线，帮助用户进行对象之间的对齐和排列。

5. 保存文件

处理完文件后，需要对文件进行保存。保存文件的操作是执行“文件→存储”命令或按快捷键 Ctrl+S。在系统弹出的【存储为】对话框中可以设置文件名称、保存位置和保存类型等，如图 1-8 所示。

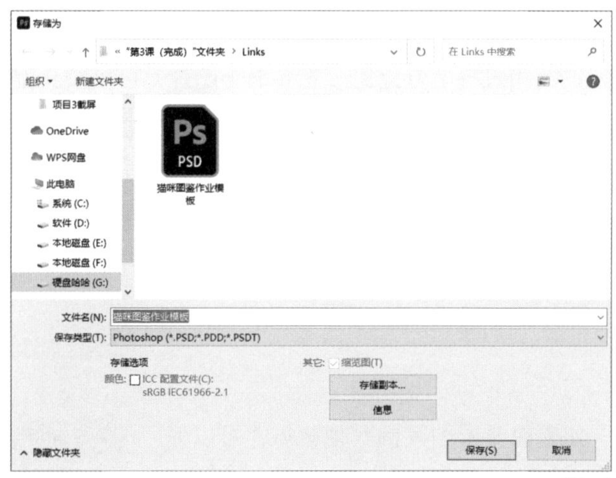

图1-8

保存文件时，需要养成良好的文件命名习惯，根据文件的内容或主题来命名，这样便于对文件进行整理。

如果需要保存带图层的文件，可以将文件的保存类型设置为 PSD，如图 1-9 所示。

如果需要保存图片的透明背景，可以将文件的保存类型设置为 PNG，如图 1-10 所示。

如果只需要将文件存储为普通的位图，可以将文件的保存类型设置为JPG，如图1-11所示。

PSD格式图片.psd

图1-9

PNG格式图片.png

图1-10

JPG格式图片.jpg

图1-11

在制作项目的过程中，要养成随手保存的好习惯，经常按快捷键Ctrl+S保存文件，这样可以避免意外丢失文件的情况。

知识点2【自由变换】功能

【自由变换】功能用于放大、缩小对象和改变对象（图片或图形）的形状。

当一张图片被拖入Photosop（画布）后，通常需要将其缩放至合适的大小。使用【透视】【变形】等功能，可以将不同的图片自然融合。在实际应用中，【自由变换】功能用得非常频繁。如平面设计师会使用【自由变换】功能将作品放到样机中给客户展示，商业摄影师也需要用到【自由变换】功能来修饰人像和产品。

【自由变换】功能在【编辑】菜单中，快捷键是Ctrl+T。

选中图层，按快捷键Ctrl+T即可进入自由变换状态，如图1-12所示。

进入自由变换状态后，拖曳图片的8个控点即可将其等比例放大、缩小。

注意 在Photoshop CC 2019之前的版本中，按住Shift键再拖曳控点，才能实现对象的等比例放大、缩小。而在Photoshop CC 2019及之后的版本中，按住Shift键再拖曳控点将对对象进行不等比例的放大、缩小。

图1-12

自由变换对象的过程中，如果操作出现失误，可以按Esc键退出；如果满意调整结果，可以按Enter键或单击属性栏上的钩形按钮确定变换效果。如果想让对象基于图像中心进行放大、缩小，可以按住Alt键再拖曳控点。在自由变换状态下，将鼠标指针移至4个角的控点外侧，鼠标指针将变为带弧度的箭头，这时可将对象旋转。

使用【自由变换】功能时，在对象上单击鼠标右键，可以在弹出的菜单中选择【透视】【变形】【旋转 180 度】【顺时针旋转 90 度】【逆时针旋转 90 度】【水平翻转】【垂直翻转】等对对象进行变换。

提示 每一次自由变换都会改变图像的像素，图像清晰度经过多次自由变换后会下降，因此可以将需要进行多次自由变换的图层转换为智能对象。智能对象相当于图片的保护壳，可以将图像的像素保护起来。对智能对象进行多次自由变换，其清晰度也不会下降。

需要注意的是，图层转换为智能对象后，无法使用【画笔工具】等直接对其像素进行编辑。如果想要对智能对象图层进行编辑，需要选中智能对象图层，单击鼠标右键，在弹出的菜单中选择【栅格化图层】，这样图层就转换为普通的像素图层了。

1. 缩放

首先打开一张图片，如图 1-13 所示。选中【移动工具】，将图片拖曳复制到图 1-14 所示的相框素材中。

图1-13

图1-14

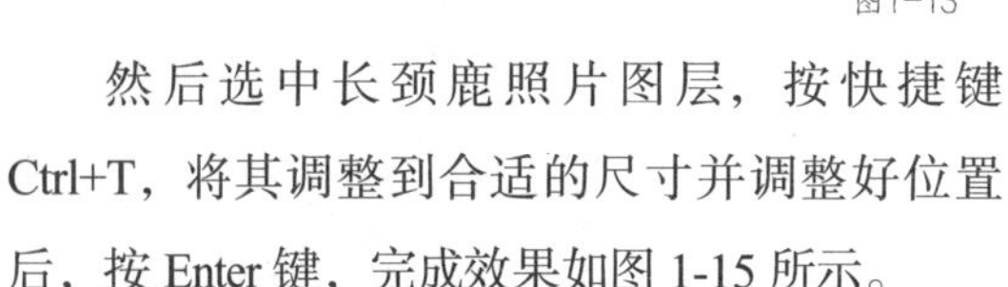

然后选中长颈鹿照片图层，按快捷键 Ctrl+T，将其调整到合适的尺寸并调整好位置后，按 Enter 键，完成效果如图 1-15 所示。

图1-15

2. 透视

将图片进行贴图展示时，不仅要制作正面角度的展示图，还要制作一些带透视的展示图。

如果想将图 1-16 所示图片贴到一个实地场景中，查看其实际展示效果，就需要运用【自由变换】功能来改变其透视效果。首先选中【移动工具】，将图片拖曳复制到图 1-17 所示的背景素材中。

图1-16

图1-17

按快捷键 Ctrl+T，将海报大致对准需要贴图的位置后，再按住 Shift 键并拖曳 4 个控点。调整好透视效果后，按 Enter 键，实地场景贴图的效果如图 1-18 所示。

图1-18

3. 翻转

使用【自由变换】功能中的【翻转】功能，可以给对象制做倒影，以此增加质感。

下面给图 1-19 所示的篮球制作倒影。选中篮球图层，选中【移动工具】，按住 Alt 键复制篮球图层。按快捷键 Ctrl+T 使复制出的篮球进入自由变换状态，单击鼠标右键，在弹出的菜单中选择【垂直翻转】，并将翻转后的篮球调整到合适的位置。

此时效果不够自然，再使用【渐变工具】给下面的倒影增加渐变的效果，最终的倒影效果如图 1-20 所示。

图1-19

图1-20

4. 变形

在实地场景贴图中，有可能遇到带弧度的贴图位置，在这种情况下，就需要用到【自由变换】功能中的【变形】功能。

首先打开图 1-21 所示的文件，使用【移动工具】将其移动复制到图 1-22 所示的背景素材中。

图1-21

图1-22

使用【自由变换】功能将其缩小，再按住 Shift 键并拖曳 4 个角的控点对准广告牌的 4 个角。对准 4 个角以后，单击鼠标右键，在弹出的菜单中选择【变形】，把图片的边缘向上拖曳，将其贴近带弧度的边。对下面的一条边也采用同样的操作。调整好位置后，按 Enter 键，这样带弧度的场景贴图就完成了，效果如图 1-23 所示。

图1-23

知识点 3【图层】面板

图层的大部分操作命令位于【图层】面板中，如图 1-24 所示。

【图层】面板在大部分预设工作区界面中均有显示，如果无法找到【图层】面板，可以通过【窗口】菜单，或按快捷键 F7 将其打开。关于图层的所有功能都可以在【图层】菜单中找到。

1. 新建图层

新建图层的方法有很多，最简单的方法是单击【图层】面板下方的【创建新图层】按钮，如图 1-25 所示。这样可以直接创建一个新的透明图层。

执行“图层→新建→图层”命令，或按快捷键 Ctrl+N，也可以新建图层。

使用【横排文字工具】【形状工具】等时，系统会自动新建图层。

2. 选中图层

想要对图层进行操作，首先要选中图层。选中图层的一般方法是直接在【图层】面板中单击需要的图层。按住 Ctrl 键并单击图层可以选中多个不连续的图层，按住 Shift 键并单击图层可以选中连续的多个图层。在选用【选择工具】的情况下，如果在属性栏中勾选了【自动选择】选项，如图 1-26 所示，在画面中单击图像，即可选中图像所在的图层。

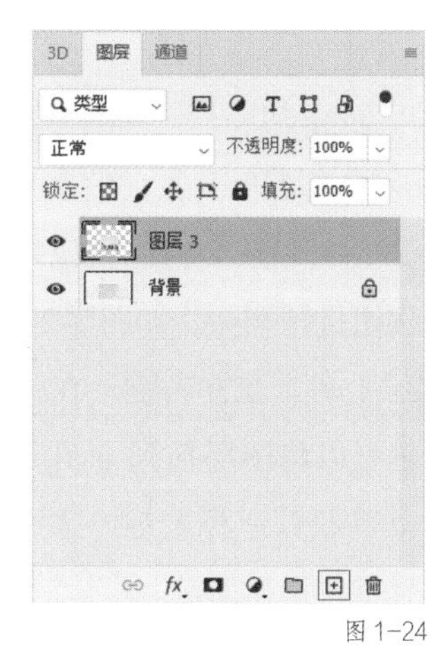

图 1-24

图 1-25

图1-26

勾选【自动选择】选项很容易产生误操作，因此不建议勾选该选项。若不勾选该选项，可按住 Ctrl 键再单击画布中的图像来选择图像所在的图层。如果想要选择多个图层，可以按住 Ctrl 键或 Shift 键，然后单击画布中的图像。

3. 隐藏图层

在图层较多的情况下，图层中的图像会互相遮挡，有时候会干扰操作。因此，为了准确调整画面，有时需要将部分图层隐藏起来。在【图层】面板中，单击图层左侧的眼睛图标可以改变图层的显隐状态。图层左侧的眼睛图标显示时，该图层为显示状态；图层左侧的眼睛图标消失时，该图层为隐藏状态，如图 1-27 和图 1-28 所示。

图1-27

图1-28

4. 删除图层

图1-29

对于错误的、重复的、多余的图层，可以在【图层】面板中将其删除。删除图层的方法有很多，在【图层】面板中选中需要删除的图层后，可以按 Delete 键或单击【图层】面板下方的【删除】按钮进行删除，如图 1-29 所示。

也可以在要删除的图层上单击鼠标右键，在弹出的菜单中选择【删除图层】；还可以将图层拖到【图层】面板下方的【删除】按钮上，然后松开鼠标左键。这些方法都很便捷，大家按照自身喜好进行操作即可。

5. 锁定图层

在图层比较多的情况下，可以将一些已经调整好的图层，或一些暂时不需要改动的图层锁定，避免误操作。

图1-30

锁定图层的方法是选中图层后，在【图层】面板中单击相应的锁定图标。最常用的是【锁定全部】按钮，单击此按钮后，图层中所有像素都被锁定，不能对它们做任何修改。也可以选择锁定局部，较常用的有【锁定透明像素】按钮和【锁定图像像素】按钮。选中图层，单击【锁定透明像素】按钮后，只能对该图层图像部分像素进行修改；选中图层，单击【锁定图像像素】按钮后，只能调整图像位置，不能更改像素。对图层使用锁定功能后，在【图层】面板中，该图层右侧将显示锁定图标，如图 1-30 所示。若需要解锁图层，单击图层对应的锁定图标即可。

6. 调整图层的不透明度

在【图层】面板中选中图层后可以修改该图层的不透明度，例如修改图 1-31 中海星的不透明度。

图1-31

修改图层不透明度的方法为：选中目标图层，在【图层】面板的【不透明度】设置区域拖曳滑块或输入数值，如图 1-32 所示。调整后的效果如图 1-33 所示。

图1-32

图1-33

提示 更改不透明度还有更便捷的方法，在选中图层的情况下，直接输入数值即可改变图层的不透明度。

7. 链接图层和创建图层组

链接图层或创建图层组可以将关联的图层组合在一起，方便对多个图层进行移动或自由变换。例如，要将图 1-34 中的【植物】和【云】两个图层组合在一起，可以链接两个图层。

选中图层，如图 1-34 所示，然后单击鼠标右键，在弹出的菜单中选择【链接图层】将图层链接起来。链接成功后，【图层】面板中对应的图层将出现锁链图标，如图 1-35 所示。

如果想要解除图层链接，选中链接的图层，单击鼠标右键，在弹出的菜单中选择【取消图层链接】即可。

将多个图层创建成一个图层组的方法，也可以将图像组合在一起，方法是选中图层，按快捷键 Ctrl+G，或单击鼠标右键，在弹出的菜单中选择【从图层建立组】。在【从图层

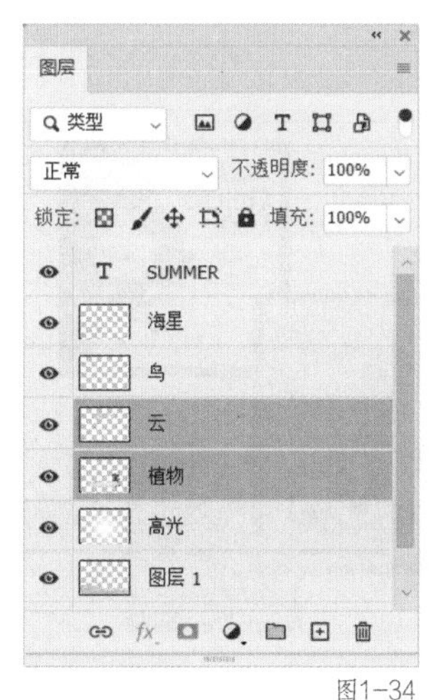

图1-34

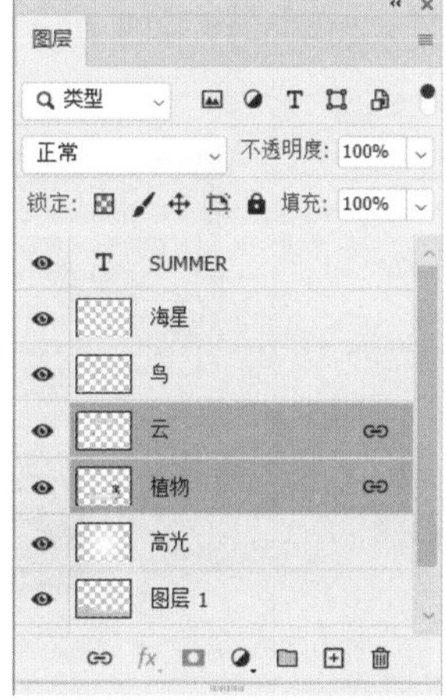

图1-35

新建组】对话框中，可为图层组命名。例如将图层组命名为“植物和云”，创建成功后【图层】面板如图 1-36 所示。

图1-36

创建图层组还有一种方法。单击【图层】面板下方的【创建新组】按钮，就能在【图层】面板中创建一个新组。创建新组后，可将需要编组的图层直接拖进组中，或直接在组中创建新图层。需要注意的是，想要在画布上移动图层组的所有图层，需取消勾选【移动工具】属性栏的【自动选择】选项。

在图层较多的文件中，编组非常重要，图层组可以帮助划分图像内容，因此在工作中需要养成给图层编组的好习惯。

提示 链接图层和创建图层组的区别：图层进行链接后，图层的上下排列关系不会发生变化；而在同一图层组中的图层，它们的上下位置在整个作品中与组的位置是一致的，因此，如果为上下位置相差较远的图层创建图层组，图层位置将发生改变。

8. 图层间的关系

图层间存在位置关系，如上下关系、对齐关系等。图层间也可以产生相互作用，如图层混合等。

（1）图层的上下关系

图层的上下关系也被称为层叠关系，体现在画面中就是上方的图层会遮盖下方的图层。在【图层】面板中可以清晰地看出图层的上下关系，各张图片对应图层的上下关系如图 1-37 和图 1-38 所示。

图1-37

图1-38

要想改变图层的上下关系，可以直接在【图层】面板中拖曳图层以改变图层的位置。以图 1-37 为例，要想将【绿】图层置于图像的最上方，可在【图层】面板中将该图层拖到所有图层之上，如图 1-39 所示。移动后的效果如图 1-40 所示。

图1-39

图1-40

选中图层后，也可以通过快捷键来更改图层的上下位置，将图层向下移动一层的快捷键为 Ctrl+[，将图层向上移动一层的快捷键为 Ctrl+]。

（2）图层的对齐关系

在 Photoshop 中，可以将各个图层快速对齐。图层的对齐是以图层中像素的边缘为基准的。选中多个图层后，属性栏中将出现对齐图层的相关选项，如图 1-41 所示。

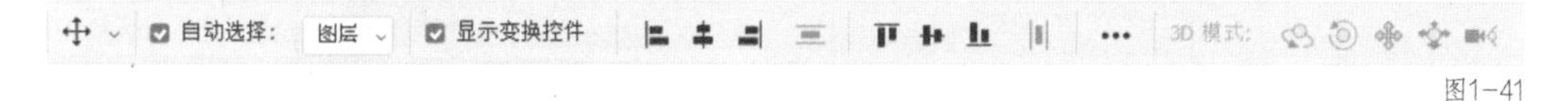

图1-41

以图 1-40 为例，如果需要将上排的两张图片修改为顶对齐，那么在【图层】面板中选中相应的图层后，单击属性栏的【顶对齐】按钮，效果如图 1-42 所示。

图1-42

注意 顶对齐是以图层中最靠上的像素为基准进行对齐的，其他对齐方式的原理依此类推。

（3）图层的混合模式

图层间除了上下、对齐等位置关系，还存在混合关系，这个混合关系指的是图层的混合模式。图层的混合模式指的是在 RGB 颜色模式下，上下两个图层通过 Photoshop 内部的算法进行运算，从而实现一种特定的显示效果，图层的像素不会发生变化。

在图层的混合模式为【正常】的情况下，两个图层的重叠部分，在工作区中只能看到位于上方的图层，如图 1-43 所示。

如果更改上方图层的混合模式，将会得到不同的效果。例如将上方图层的混合模式修改为【正片叠底】，如图 1-44 所示，效果如图 1-45 所示。

图1-43

图1-44

图1-45

正片叠底

正片叠底是 Photoshop 中常用的图层混合模式之一，指的是上下两个图层通过混合变得更暗，同时色彩变得更加饱满。

以图 1-46 为例，复制背景图层，然后将复制得到的图层的混合模式修改为【正片叠底】。这时可以看到图像变暗了，同时色彩更加饱满，效果如图 1-47 示。

在正片叠底模式下，白色与任何颜色混合时都会被替换，而黑色跟任何颜色混合都会变成黑色，因此这个功能还经常用于去除图像的白色部分，如抠选像毛笔字等边缘复杂的白底素材。以毛笔字为例，将图片素材置入文档后，选中毛笔字图层，如图 1-48 所示，将其混合模式修改为【正片叠底】，即可得到图 1-49 所示的效果。

图1-46

图1-47

图1-48

图1-49

滤色

滤色是另一个常用的图层混合模式，它通过混合上下两个图层，使整体变得更亮，产生一种漂白的效果。

以图 1-50 为例，复制背景图层，然后将复制得到的图层的混合模式修改为【滤色】。

这时可以看到图片整体变亮了。后续可以通过调整图层的不透明度来调节变亮的程度，【不透明度】为 60% 时的效果如图 1-51 所示。

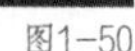

图1-50

图1-51

在滤色模式下，如果混合的图层中有黑色，黑色将会消失，因此这个模式通常用于去除图像中深色的部分，如抠选烟花、光晕等黑底或深色底素材。

柔光

在 Photoshop 中，常用的图层混合模式还有柔光。柔光指的是上层图像中亮的部分会导致最终效果变得更亮，而上层图像中暗的部分会导致最终效果变得更暗。

在图 1-52 上创建图 1-53 所示的两种不同亮度的灰色图层。

图1-52

图1-53

将灰色图层的混合模式修改为【柔光】，所得效果如图 1-54 所示。可以看到，亮的灰色部分叠加图像后变亮，而暗的灰色部分叠加图像后变暗。

柔光模式下使用同图叠加可以提升图像的饱和度。以图 1-52 为例，复制背景图层，然后将复制得到的图层的混合模式修改为【柔光】，效果如图 1-55 所示。

图1-54

图1-55

知识点 4 快速选择工具组

【对象选择工具】【快速选择工具】和【魔棒工具】都属于快速选择工具组，如图 1-56 所示。

图1-56

选中这 3 款工具时，属性栏上都会出现【选择主体】按钮。单击【选择主体】按钮后，系统将自动分析画面中的主体，然后选中主体。

1. 对象选择工具

【对象选择工具】是 Photoshop 2020 引入的新功能，使用该工具选择对象的大致区域后，系统将自动分析图片的内容，从而实现快速选择图片中的一个或多个对象。

【对象选择工具】有两种选择模式，分别是【矩形】和【套索】，如图 1-57 所示。

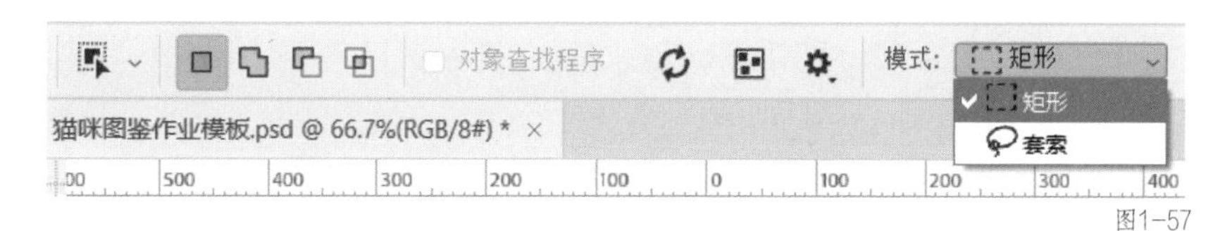

图1-57

使用【对象选择工具】时，先选中想要的对象的大致范围，如图 1-58 所示。

使用选区的布尔运算增加或删减选区，可以比较精准地选中对象，如图 1-59 所示。

图1-58

图1-59

2. 快速选择工具

【快速选择工具】的用法与【画笔工具】类似，选中【快速选择工具】后在想要选中的对象上涂抹，系统就会根据涂抹区域的对象自动创建选区。对于对象边缘的细节，可以缩小画笔来选择。调整【快速选择工具】画笔大小的快捷键为中括号键，按左中括号键可以缩小画笔，按右中括号键可以放大画笔。【快速选择工具】通常用于选择边缘比较清晰的对象，如图 1-60 所示。

图1-60

3. 魔棒工具

【魔棒工具】是基于颜色来创建选区的，以图 1-61 为例，使用【魔棒工具】在画面的紫色区域单击，系统将自动选择画面中字母外的紫色区域。

字母缝隙中的紫色区域没有被选中，是因为在【魔棒工具】属性栏上勾选了【连续】选项。如果取消勾选【连续】选项并再次单击画面中的紫色区域，可以看到画面中所有的紫色区域都被选中，如图 1-62 所示。

图 1-61

图 1-62

注意 在使用【魔棒工具】时，还需要注意属性栏上的【容差】【对所有图层取样】和【消除锯齿】3个选项的设置。

容差指的是选择颜色区域时，系统可以接受的颜色范围的大小。设置的容差越大，系统创建选区时选择的颜色范围越大。基于这个原理，使用【魔棒工具】时，需要根据想要颜色的精准度来设置容差。在涉及对多个图层取样时，需要勾选属性栏上的【对所有图层取样】选项。【消除锯齿】选项可以平滑选区边缘，一般建议勾选。

知识点 5 文字工具

【文字工具】位于工具箱中，图标是一个大写的字母T，如图1-63所示。单击【文字工具】按钮或按T键可以调出【文字工具】。【文字工具】的功能是输入文本。

图1-63

1. 点文字

【文字工具】包括横排版文字工具和直排文字工具。以【填排文字工具】为例选中【横排文字工具】，在画布上单击，可以创建点文字。像字母或词语这样较短的文字，可以通过创建点文字的方法来输入，如图1-64所示。

图1-64

输入文字后，可以在属性栏中调整文字的字体、字号、字重等，如图1-65所示。

图1-65

选中文字后，可以在属性栏中选择字体。选择字体时，在画布上可预览字体效果。在系统的字体比较多的情况下，还可以单击字体前的星形按钮来收藏常用的或喜欢的字体，方便再次使用。一些字体还会有不同的字重，字重也就是字体的粗细，可以根据设计需求进行选择。字号即文字的大小，可以通过输入数值来准确地设置文字的大小。在属性栏中还可以进行横排文字和直排文字的切换，具体方法是单击【字体】下拉列表前的【切换】按钮。

2. 段落文字

选中【文字工具】，在画布上拖曳鼠标绘制矩形文字框。大段的文本可以通过创建段落文字的方法来输入。

3.【字符】面板

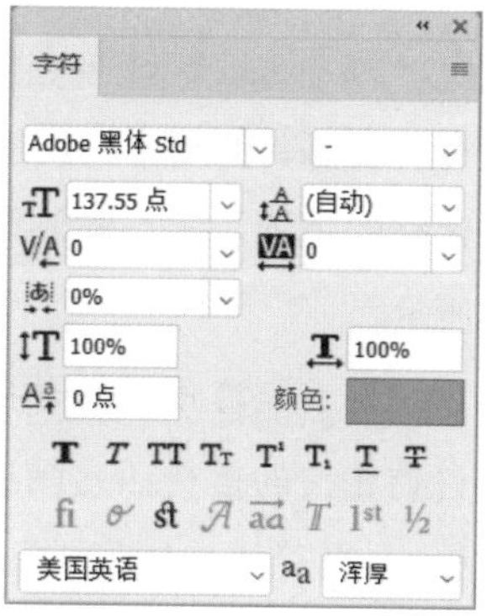

在属性栏中可以调出【字符】面板，在其中可设置字符的各种参数，包括字号、行间距、字间距等，如图1-66所示。

至此，本章已经介绍完实现项目所需的主要知识，下面就利用这些知识完成项目吧！

图1-66

【工作实施和交付】

先理解客户的需求，根据需求进行设计，用恰当的工具对图片和文字进行处理，合理排版，最终交付合格的设计。

制订设计方案

这是一个美食类的Banner，可以使用桌布、木桌等带有纹理的素材作为背景，营造用餐的环境，并使用带纹理的颜色作为Banner的基础色，使画面具有统一性。客户提供了多张食品图片，可以通过图片的大小对比来使画面具有节奏感，突出食物的美味。客户提供了3条文案，可以将主题文字突出，辅助信息缩小，使文字之间具有大小和色彩的对比，形成良好的构图，同时引导用户点击下单。整体可以通过采用左中右的构图方式，把核心内容放在居中的位置，让主要信息一目了然。

插入素材

打开Photoshop，新建一个文件（画布），将尺寸修改为1065px×390px，分辨率设为200ppi。

打开素材文件夹，把客户提供的背景素材拖入画布当中。由于背景素材与新建的画布大小不一致，因此要将图片放大。为了使素材图片在放大的过程中不产生形变，可以按住Alt键拖曳控点，由中心向四周等比例放大图片，如图1-67所示。

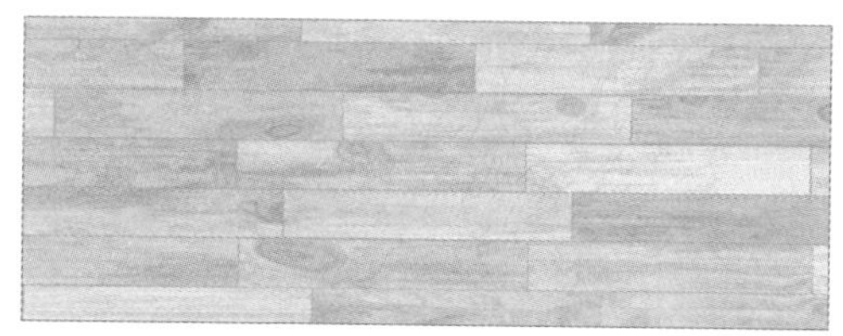

图1-67

接着，把食品素材逐一拖入画布当中，为了通过素材大小的对比来使画面具有节奏感，使用【自由变换】功能来调整素材的位置、大小和旋转角度，如图 1-68 所示。

图1-68

为了丰富画面，寻找一些和品牌推广食物相关的素材插入画布中（确保核实版权）。为了突出主要产品，可以把作为主要产品的素材放大。在调整大小的时候，要注意食品之间的大小比例，使画面和谐。添加后的效果如图 1-69 所示。

图1-69

为素材添加投影

观察图片可以发现，有一些图片自带投影，有一些图片没有投影。我们需要为没有投影的图片添加投影，使其具有立体感。为右侧的拌面添加投影：在【图层】面板上选中拌面所在图层，单击鼠标右键，选择【混合选项】，勾选【投影】，将混合模式改为【正常】，颜色设为黑色，【不透明度】设为【44%】，【距离】设为【6 像素】，【大小】设为【10 像素】，如图 1-70 所示。设置完成后的效果如图 1-71 所示。

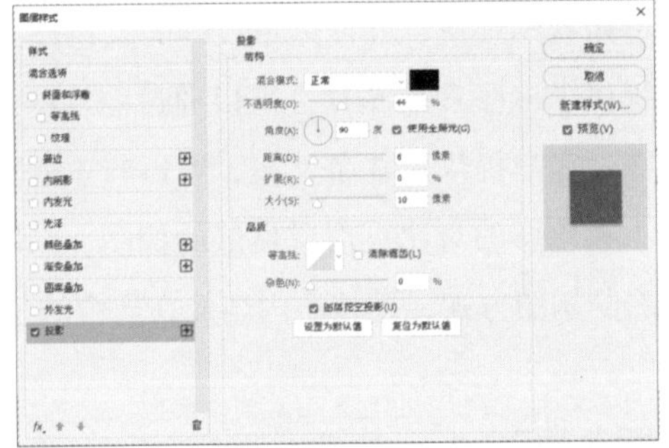

图1-70

图1-71

要给其他没有投影的素材快速添加相同的投影效果，在【图层】面板上选中已经添加好的投影效果，如图 1-72 所示，按住 Alt 键，将其拖曳到想要添加效果的图层上，快速添加相同的投影效果。投影全部添加好后的效果如图 1-73 所示。

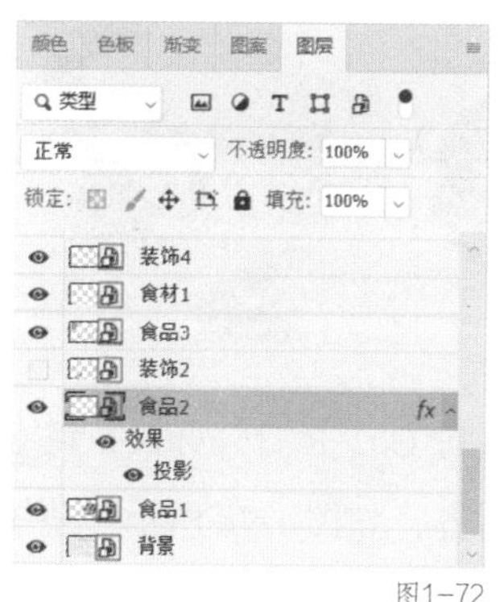

图1-72

图1-73

添加文字

为 Banner 输入文案内容，需要使用【直排文字工具】，单击画布空白处，即可输入文字。

文案的文字包括主题文字、辅助文字和推广文字。为了使文案的文字之间具有大小和色彩的对比，需要为不同文字设置不同的文字属性。在【字符】面板中可以设置文字的字体、字号和颜色。将主题文字设为红色，辅助文字设为棕色，推广文字设为白色，如图 1-74 所示。

图1-74

为了让整体文字的布局更生动，给文案添加装饰性的英文，如图 1-75 所示。

图1-75

为了突出品牌，用一个符号来修饰“吉”字。选择【横排文字工具】，单击画布的空白处，执行“文字→面板→字形面板”命令，出现【字形】面板。【字形】面板里面有很多符号，选择图 1-76 所示的符号来突出文字。

为了使符号呈现竖向的效果，按住 Ctrl 键并将其顺时针旋转 90º，放在文字的右上角。另一个符号同样旋转 90º，放在文字的左下角，如图 1-77 所示。

图1-76

图1-77

调整文字之间的对齐关系，使构图和谐。按快捷键 Ctrl+R 打开标尺，将参考线拉出来，以便调整对齐。将辅助文字和主题文字上方对齐，如图 1-78 所示。整体效果如图 1-79 所示。

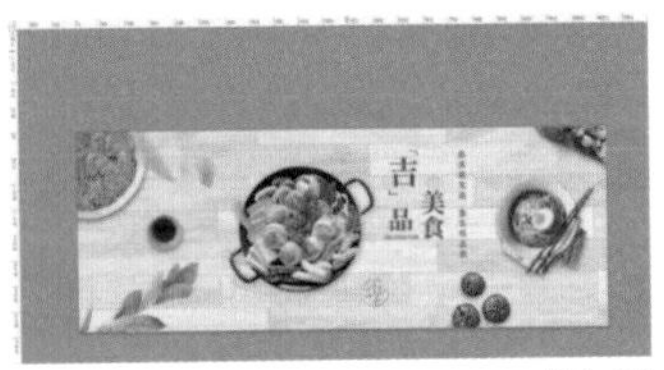

图1-78

图1-79

绘制装饰图形

为了使版面更加美观，在画面中绘制装饰图形。选择【直线工具】，按住 Shift 键，在辅助文字左侧画一条垂直的直线段，【填充】设为【无】颜色与主题文字相同，【描边】选项中采用【内部对齐】，如图 1-80 所示。

为了突出推广文字，使用【矩形工具】绘制一个矩形，为其填充渐变颜色。【旋转渐变】设为【0】，渐变颜色由红色到橘红色，放在推广文字下方，如图 1-81 所示。

图1-80

图1-81

添加装饰元素

为了使画面更有空间感，在画面中添加一些装饰元素。将装饰性素材插入画布，调整其方向、大小和图层顺序，置于最顶层。这样电商 Banner 就设计好了，整体效果如图 1-82 所示。

设计完成后，将效果图导出为 JPG 格式文件。将素材（包含客户提供的参考图片）、最终效果的 JPG 格式文件和工程文件按照要求格式命名，并放到同一个文件夹，如图 1-83 所示，然后将文件夹提交给甲方（客户）。

图1-82

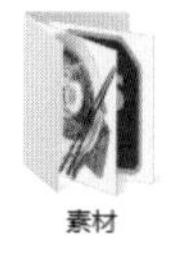

图1-83

【拓展知识】

本项目主要涉及图像处理和文字处理的方法，除了前面介绍的方法，还可以运用【钢笔工具】进行更精细的调整。同时，读者还应了解免费素材的使用方法，保证作品版权的合法性。

知识点 1 钢笔工具

【钢笔工具】是一个非常灵活的工具，使用【钢笔工具】可以绘制形状、路径，以及建立选区。【钢笔工具】位于工具箱中，是一个钢笔头样式的图标，单击该图标即可选用【钢笔工具】，如图 1-84 所示。使用【钢笔工具】可以绘制直线、曲线等多种类型的线条。

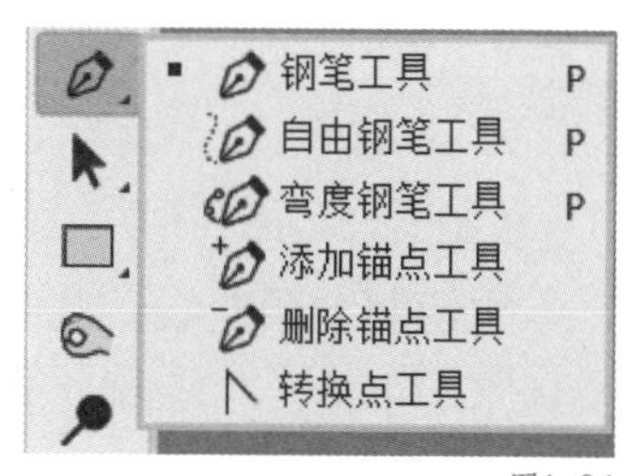

图1-84

1. 绘制直线段

使用【钢笔工具】在画布上单击创建第一个锚点，再单击创建第二个锚点，两个锚点连成一条直线段，如图 1-85 所示。

图1-85

2. 绘制闭合区域

单击创建多个锚点后，将鼠标指针靠近起始锚点时，鼠标指针旁会出现一个小圆圈，此时单击即可形成一条闭合的路径。按快捷键 Ctrl+Enter，即可把路径转换为选区，如图 1-86 所示。

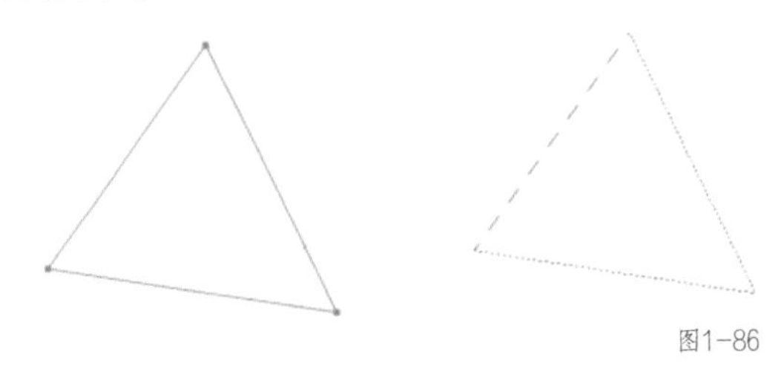

图1-86

3. 绘制曲线

单击创建第一个锚点时，按住鼠标左键，向下拖曳可拉出一个方向控制柄，创建出曲线的第一个锚点。接着单击创建另一个锚点，按住鼠标左键，向上拖曳拉出方向控制柄，绘制出一条曲线，如图 1-87 所示。如果想要结束绘制，可以按 Esc 键退出绘制状态。创建锚点时将方向控制柄依次向相反方向拖曳，可以绘制连续的 S 形曲线，如图 1-88 所示。

图1-87　图1-88

在选中【钢笔工具】的状态下，按住 Ctrl 键可以控制锚点和线段，按住 Alt 键可以控制方向控制柄，改变线条的弧度。如果想要删减锚点，可以把鼠标指针放在想要删除的锚点上，鼠标指针右下角会出现一个减号，这时单击锚点即可将其删除。

4. 绘制直线和曲线相结合的线段

先绘制一条曲线，此时第二个锚点上有两个方向控制柄，直接单击其他位置创建下一个锚点，绘制出来的线段将会是一条弧线。先按 Alt 键删除第二个锚点的一个方向控制柄，然后单击其他位置创建新的锚点，即可绘制出直线与曲线相结合的线段。如果想要再次绘制曲线，可以按住 Alt 键，在锚点上拖曳出一个方向控制柄，如图 1-89 所示。

图1-89

5. 绘制连续的拱形

先绘制出第一个拱形，然后按住 Alt 键，把下方的方向控制柄调整到相反的方向，接着创建下一个锚点。在创建下一个锚点后，同样按住 Alt 键把下方的方向控制柄调整到相反的方向。重复这样的操作，即可画出连续的拱形，如图 1-90 所示。

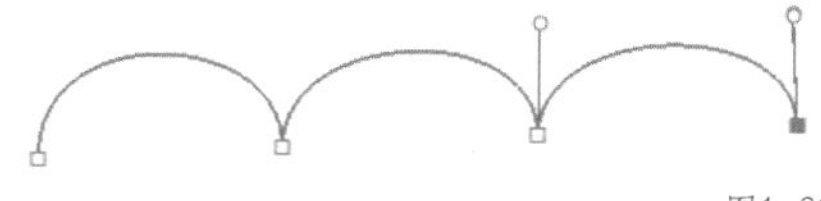

图1-90

知识点 2 可免费商用素材的获取方法

收集素材是设计中十分重要的一步。使用正规渠道的素材可以保护自己和他人的版权，同时也能够提高创作的效率和质量。

随着互联网的发展，通过网络搜索、查找和下载的素材已经成为素材的主要来源。只要掌握了查找素材的方法，就能在网上快速地找到自己想要的素材。以下是一些常用的可免费商用素材网站（本书并不保证如下网站所提供的内容永久免费，读者需要自行判断）。

- Pixabay：支持中文搜索，提供高质量的免费照片、视频和矢量图。
- Pexels：支持中文搜索，所有图片和视频均可免费使用，无须注明归属。
- Foodiesfeed：免费的美食主题的图库，图片清晰且质量高。
- Freeimages：无版权限制的免费图片网站，图片分类详细，可按分类进行筛选。
- Unsplash：高质量免费图片网站，提供的照片种类繁多且别具风格。
- CC0：所有图片都可以免费用于非商业及商业用途。

以上这些网站都提供了大量的高质量免费素材，可用于个人和商业。虽然这些素材是免费的，但有些网站可能需要在使用时注明出处或署名等。在使用这些素材时，务必查看其使用许可范围。

通常在素材网站底部会有“使用条款”“服务条款”“版权声明”等链接，进入相应页面可以找到使用该网站提供的素材时应遵守的条款或应满足的条件。这些条款和条件通常包括素材的使用许可、版权信息、署名要求等。

注意 在使用任何素材之前，务必查看其使用条款和条件。如果不确定是否可以使用该素材，最好与网站管理员或专业法律顾问联系，以获取进一步的建议和指导。

【作业】

“520 表白季”，是向心仪的人表达爱意的最佳时机。为庆祝这个浪漫日子，花之语花店推出“520 表白季，送上鲜花！”活动。活动期间，购买任何一款鲜花均享 8 折优惠，同时还有专属赠品。无论你是想要为你的爱人带来惊喜、表达对朋友的感激之情，还是想要向妈妈送上感恩的心意，花之语花店都能为你量身定制花束。为了给该店做推广，花店老板请你设计一个 Banner，并会将该 Banner 发布到线上平台。

项目资料如下。

花店名称：花之语。

标语：520 表白季，送上鲜花！让我们帮助你传达最真挚的情感。

活动时间：2023.5.15 ～ 2023.5.25。

素材如图 1-91 所示。

图1-91

Banner 设计要求如下。

（1）以粉色或红色为主体颜色，突出浪漫气息。

（2）配图有花束和心形图案，具有设计感，以增强气氛。

（3）文字部分需要简洁明了地表达出活动优惠和服务，以激发消费者的购买欲望。

（4）主题醒目，时间明确，以便消费者能快速获得有效信息。

文件交付要求如下。

（1）文件夹命名为“YYY_ 花店促销 Banner 设计 _ 日期”（YYY 代表你的姓名，日期要包含年、月、日）。

（2）此文件夹包括以下文件：未经任何修改的素材图片、最终效果的 JPG 格式文件，以及 PSD 格式工程文件。

（3）尺寸：1065px×390px。颜色模式：RGB。分辨率：200ppi。

完成时间：3 小时。

【作业评价】

序号	评测内容	评分标准	分值	自评	互评	师评	综合得分
01	视觉效果	品牌标识是否醒目； 画面元素是否符合主题	25				
02	色彩搭配	色调是否统一； 搭配是否合理	15				
03	信息传达	内容信息是否明确	15				
04	实用性	是否适用于特定的场合或目的	25				
05	作品质量	文件的尺寸、颜色模式、分辨率是否符合需求	20				

注：综合得分 =（自评 + 互评 + 师评）/3

项目 2

人像后期修图

人像后期修图常见于广告、摄影、海报等领域。学习类的宣传物料通常以讲师作为主要宣传对象，讲师的出镜必不可少；影视海报中的角色能够快速获得观众的信任感；很多品牌、商品的宣传离不开社会知名人物的代言——吸引喜欢该人物的群体。

当人作为视觉主体时，人像后期修图的质量对宣传效果具有重要影响。通过修复拍摄瑕疵、美化皮肤、修饰形体等后期技术手段，可以有效提升人像图片质量。

【学习目标】

运用人像后期修图理论，使用 Photoshop 的【液化】、【修补工具】、【污点修复画笔工具】、【仿制图章工具】、【添加杂色】和【高反差保留】等功能进行人像修图，掌握人像修图的方法和技巧。

【学习场景描述】

假设你现在是一名 Photoshop 后期修图师，你的摄影师搭档刚刚完成了一张写真照片的拍摄，为了让照片更加美观自然，更好地展现照片中人物的形象和个性，需要你进行人像精修并将最终的图片发给客户确认。各方确认无误后，再把图片发给印刷部门将写真图打印并装裱，最终送至客户家中。

【任务书】

项目名称

个人写真后期处理（单张）。

项目资料

个人写真原图如图 2-1 所示。

图2-1

项目要求

（1）人物皮肤光滑、有质感，不得留有不恰当的“脏点”，同时不能破坏皮肤肌理。

（2）片子整体的明暗关系正确，人物部分要“透亮”。

（3）人物的形体瑕疵要修复，特别是手和肩膀的细节。

项目文件制作要求

（1）文件夹命名为“YYY_小红写真后期_日期”（YYY 代表你的姓名，日期要包含年、月、日）。

（2）此文件夹包括以下文件：未经任何修改的原图（摄影师提供的图片）、最终效果的 JPG 格式文件，以及 PSD 格式工程文件。

（3）尺寸：363mm × 241mm。颜色模式：RGB。分辨率：300ppi。

完成时间

4 小时。

【任务拆解】

1. 分析原片问题并提出解决办法。
2. 用【污点修复画笔工具】去除小瑕疵。
3. 用【修补工具】处理大面积瑕疵。
4. 用【仿制图章工具】磨皮和处理碎发。
5. 用【高反差保留】滤镜来提升皮肤质感。
6. 用【添加杂色】滤镜让皮肤更有质感。
7. 用液化工具调整人物形体。

【工作准备】

在进行本项目的制作前，需要掌握以下知识。

1. 三庭五眼知识。
2. 标准眼、眉、唇、鼻知识。
3. 【污点修复画笔工具】的使用方法。
4. 【修补工具】的使用方法。
5. 【仿制图章工具】的使用方法。
6. 【添加杂色】滤镜的使用方法。
7. 【液化】滤镜的使用方法。

如果已经掌握相关知识可跳过这部分，开始工作实施。

知识点 1 三庭五眼

在对人物进行修饰时，了解什么是“美”很有必要。衡量脸部的美丑有一个非常重要的五官分布标准——三庭五眼，如图 2-2 所示。三庭是指将脸的长度，即从头部发际线到下颌的距离，分为 3 份，即从发际线到眉心、眉心到鼻翼下缘、鼻翼下缘到下颌，每一份称为一庭，一共三庭。五眼是指将脸的宽度分为 5 只眼睛的长度，两只眼睛的间距为一只眼睛的长度，两侧外眼角到两侧发际线各有一只眼睛的长度。

修图时，需要观察人物面部特征，依据三庭五眼标准来衡量是否需要细微地调整面部轮廓和五官。

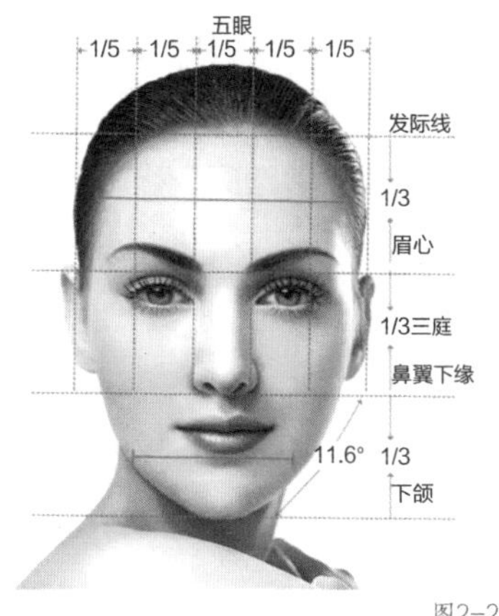

图2-2

知识点 2 标准眼、眉、唇、鼻

五官的审美也是有一些标准的，以这些标准为参考进行修图可以让人物看起来更精致。

标准眼睛指的是外眼角略高于内眼角，内眼角要打开；眼睛在平视时，双眼皮弧度均匀，眼皮压不到睫毛；上下眼睑与黑眼球自然衔接；上下睫毛浓密、卷翘，眼球黑白分明，如图 2-3 所示。

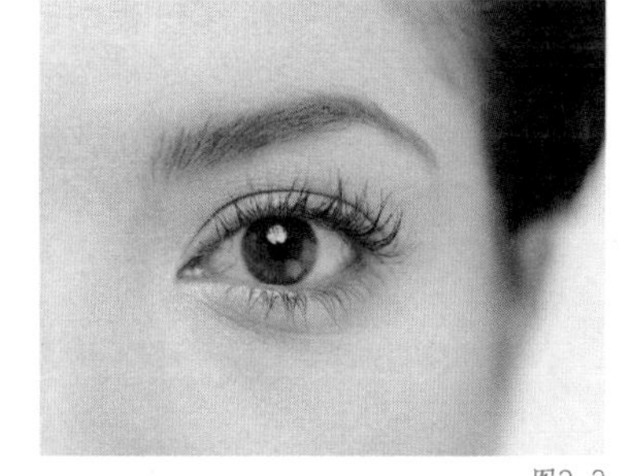
图2-3

标准眉指的是眉毛不能低于眉头，只能略高于眉头或与眉头持平；眉头、眉腰和眉梢各占 1/3，眉峰在从眉头到眉梢的 2/3 处；从眉头到眉梢由粗到细，眉头的颜色稀而浅，眉腰密而浓，眉尾细而淡，如图 2-4 所示。

唇部最重要的是上嘴唇和下嘴唇的比例关系，通常为 1：1.5。在标准唇中，上嘴唇的唇型一定要有比较明显的唇峰和唇谷，整个上嘴唇的外轮廓是一个弓形；下嘴唇一定要有比较明显的高光唇珠，这样才能更好地体现嘴唇的立体感，如图 2-5 所示。

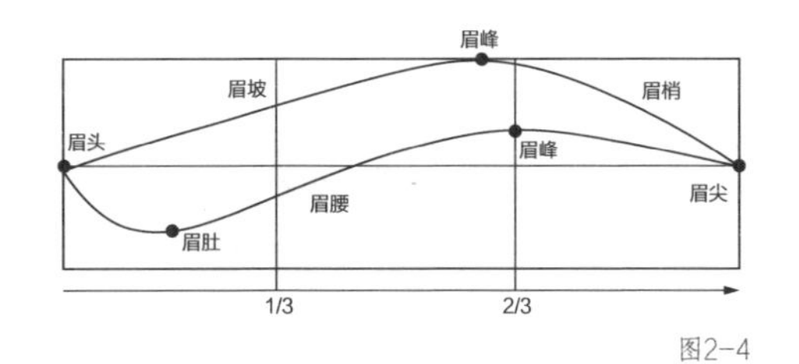

图2-4

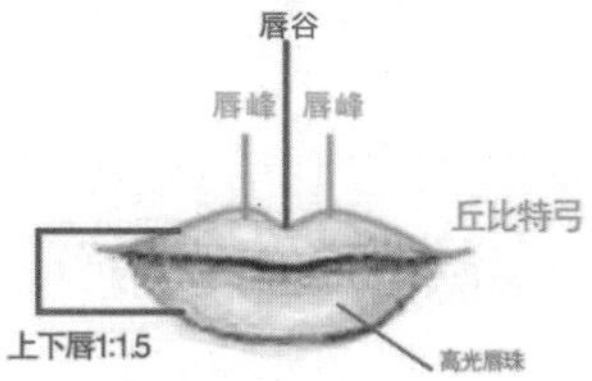

图2-5

大众的审美比较偏向于小巧的鼻子。鼻翼不能太宽，要刚好与内眼角的宽度一致，也就是一个眼睛的宽度；鼻梁要高挺一些，眉心至鼻尖要呈倒三角的状态；鼻侧影不能太暗，不然会显黑，如图 2-6 所示。

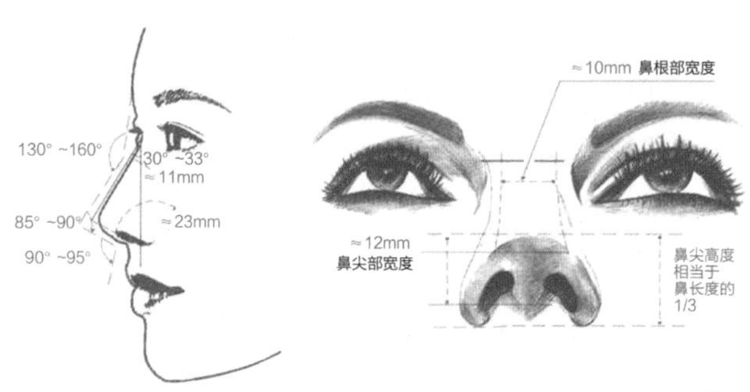

图2-6

知识点 3 污点修复画笔工具

【污点修复画笔工具】位于工具箱中，如图 2-7 所示。选中【污点修复画笔工具】后，调整好画笔的大小，直接在需要修复的位置涂抹，系统将自动修复涂抹的区域，如图 2-8 所示。在操作过程中，一般不需要更改参数，只需要根据污点或瑕疵的情况调整画笔大小。

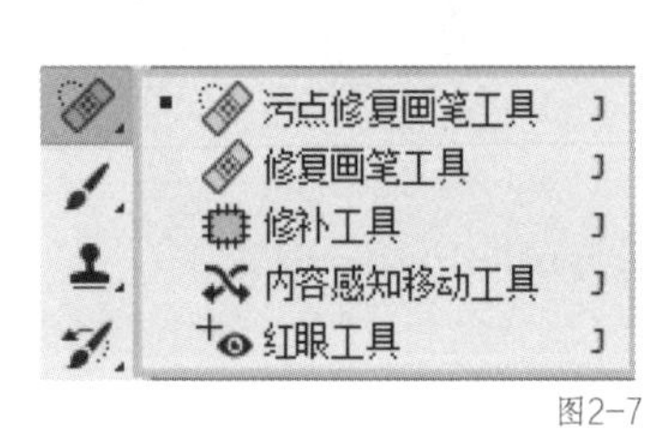

图2-7

图2-8

【污点修复画笔工具】常用于修复小面积瑕疵，如人脸部的痘痘或区域颜色单一的物体等。若用【污点修复画笔工具】修复面积较大、环境复杂的区域，系统识别容易出现误差。

知识点 4 修补工具

【修补工具】与【污点修复画笔工具】位于工具箱的同一工具组中，如图 2-9 所示。选中【修补工具】后，在画布上圈选需要修复的区域，形成选区，按

图2-9

住鼠标左键拖曳选区，选择与要修复区域环境类似的干净区域进行修补，在要修复区域可以看到修补效果预览。

使用【修补工具】时可以进行选区的增加或删减，以便更精确地操作。按住Shift键可以增加选区，按住Alt键可以删减选区。图2-10所示为在原有选区上删减选区的效果。

【修补工具】适用于形状或环境较复杂的情况，在进行大面积修复时效率很高。需要注意的是，修复大面积区域时要尽量精准地选择区域，这样修复的效果更佳。

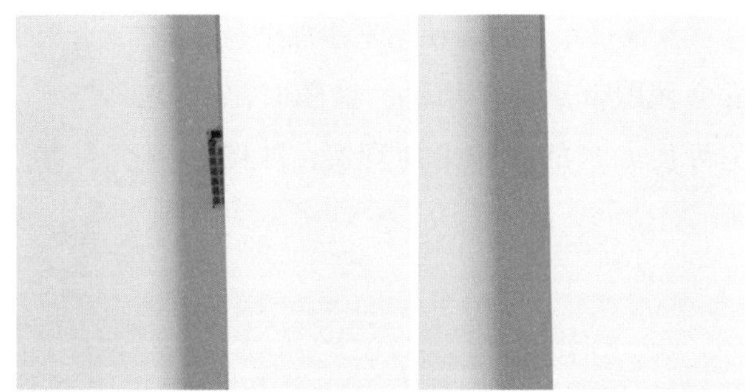

图2-10

知识点5 仿制图章工具

【仿制图章工具】位于工具箱中，如图2-11所示，是通过取样对图片进行覆盖来达到修复效果的工具。

图2-11

若想修复图中人物嘴角的痣，选中【仿制图章工具】，按住Alt键，然后单击取样点进行取样，如图2-12所示。

取样后在需要修复的区域涂抹，涂抹时画笔区域将显示图片覆盖效果预览。画笔旁的十字光标指示的是当前的取样位置，如图2-13所示。

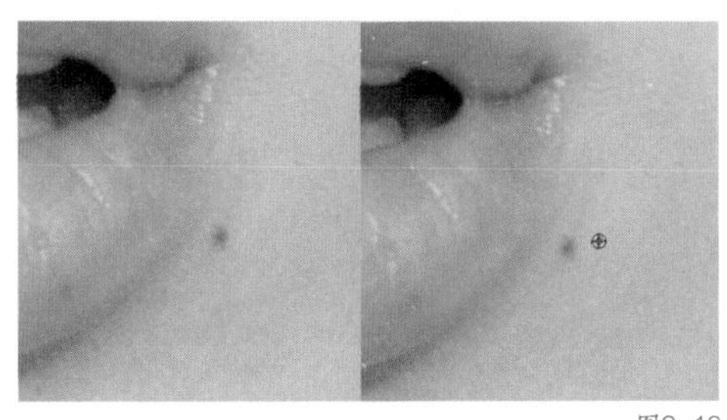

图2-12

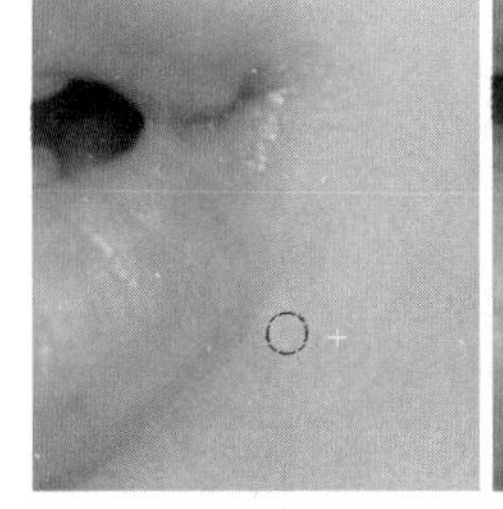
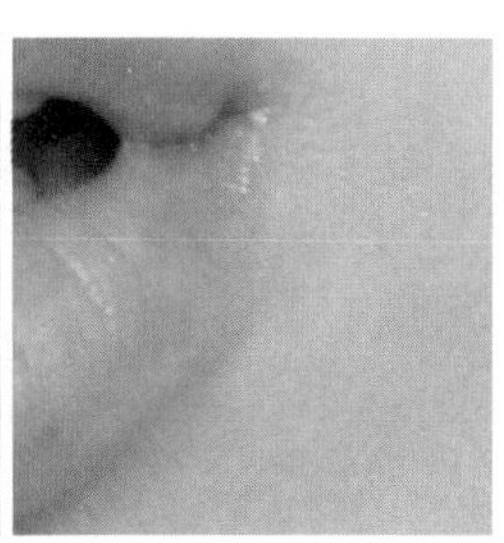

图2-13

使用【仿制图章工具】时，可在属性栏调节画笔的【不透明度】，让效果更自然。使用【仿制图章工具】的关键在于取样点的选择，要尽量选择与目标环境、色调相近的取样点，在使用的过程中可随时更换、调整取样点。

【仿制图章工具】在人物修图中常用于对皮肤、汗毛的处理，而且还可用于大面积污点的修复。

知识点 6 添加杂色

【添加杂色】滤镜在【滤镜】菜单中，它的作用就是在图片上添加杂色，一般纯色背景显得单调时，使用【添加杂色】滤镜会使图带点磨砂质感。修图时添加杂色可使人物的皮肤更加真实，如图 2-14 所示。

图2-14

知识点 7 液化

【液化】滤镜在【滤镜】菜单中，快捷键是 Ctrl+Shift+X。液化，顾名思义就是把图片变成像液体一样，就可以对其随意地调整形状和位置。【液化】滤镜通常用于处理人物或产品的轮廓。

选中图层后，按快捷键 Ctrl+Shift+X，系统将弹出【液化】界面。在界面的左边是各种液化工具，选择工具后，右边的【属性】面板中将出现该工具对应的参数，如图 2-15 所示。

图2-15

最常用的液化工具是【向前变形工具】，选择该工具后在画面上拖曳需要调整的区域即可。需要注意的是，使用【向前变形工具】时，要将画笔调整得比待调整区域稍大一些，这样可以避免多次拖曳，效果会更加自然。如调整图中人物腰间衣服的褶皱时，选择【向前变形工具】，将画笔大小调节到比褶皱区域稍大，再向内拖曳褶皱即可，如图 2-16 所示。

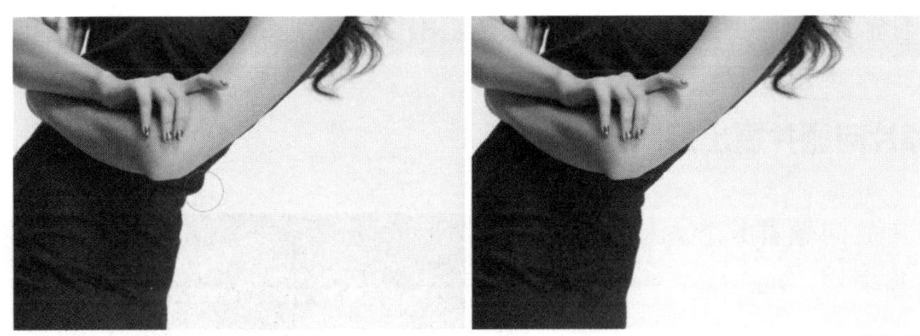

图2-16

使用【向前变形工具】时，一般需要设置【密度】和【压力】参数，参数值越大，图片变化程度越大；参数值越小，图像变化程度越小。修饰人像一般只需要进行细微的调整，因此这两个参数的值会比较小。

【左推工具】和【向前变形工具】类似，区别在于使用【左推工具】在调整的边缘涂抹时，整条外轮廓线会一起被调整。处理左边的外轮廓需要从上至下涂抹，处理右边的外轮廓需要从下至上涂抹。

较常用的还有【膨胀工具】。使用【膨胀工具】可以对图片进行放大，在进行人物修饰时，可以放大眼睛，如图 2-17 所示。

图2-17

此外，【液化】界面中还有【重建工具】【平滑工具】等辅助工具。使用【重建工具】可以还原液化效果，使用【平滑工具】可以优化边缘过渡。

至此，本章已经介绍完实现项目所需的主要知识，下面就利用这些知识完成项目吧！

【工作实施和交付】

首先理解客户的需求，仔细检查原片中存在的问题，如脏点、形体瑕疵、光影等；然后“对症下药”，用恰当的工具、滤镜等对图片进行处理；最终交付合格的图片。

分析原片问题并提出解决办法

原片的问题有 6 个方面，如图 2-18 所示。

图2-18

① 面部、肢体的皮肤上有多处明显的痘印、斑点、毛孔等小瑕疵，需要用【修复画笔工具】去掉。

② 面部、肢体的皮肤上有些明显的大瑕疵，包括疤痕、没有擦均匀的粉底等，需要使用【修补工具】找近似皮肤进行遮盖，使皮肤更加平滑。

③ 面部、脖颈、腋下的皱纹，以及不好看的纹路，使用【仿制图章工具】进行覆盖、磨皮，让皮肤更加完美。

④ 整体上影响美观的凌乱碎发，背景中的斑点，需要用【仿制图章工具】处理，使画面更干净。

⑤ 客户希望修好的图片具有真实感，可以使用【高反差保留】滤镜和【添加杂色】滤镜来保留皮肤的纹理和质感。

⑥ 胳膊较粗、脖颈较短、手指较粗，需要用【液化】滤镜来调整。

用【污点修复画笔工具】去除小瑕疵

在 Photoshop 中打开原图。在修图之前先复制图层，将新图层命名为“瑕疵”，然后开始修图。处理人物皮肤上明显的小瑕疵，包括痘印、斑点、粗大的毛孔等，使用【污点修复画笔工具】单击即可。注意，在使用【污点修复画笔工具】处理瑕疵时，要根据需要处理的瑕疵的大小来调整画笔的大小。如果画笔大小和瑕疵大小不匹配，则会出现皮肤纹理不平的情况。修复完成后，在原图层与该图层之间切换，对比修复前后的区别，如图 2-19 所示。

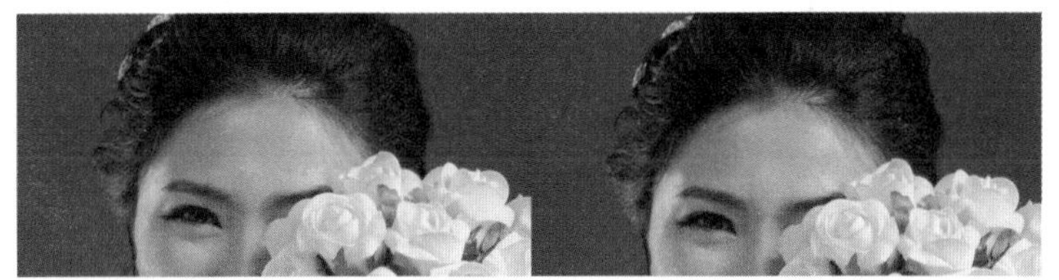

图2-19

用【修补工具】处理大面积瑕疵

一些面积较大的瑕疵无法使用【污点修复画笔工具】处理干净，这时需要使用【修补工具】进行处理。放大图片可以看到，模特的脸部有一道疤痕，用【修补工具】通过多次的移位修复，将这道疤痕去除，使脸部变得更加平滑，如图 2-20 所示。类似的不均匀的粉底印也可以使用这个方法去除。

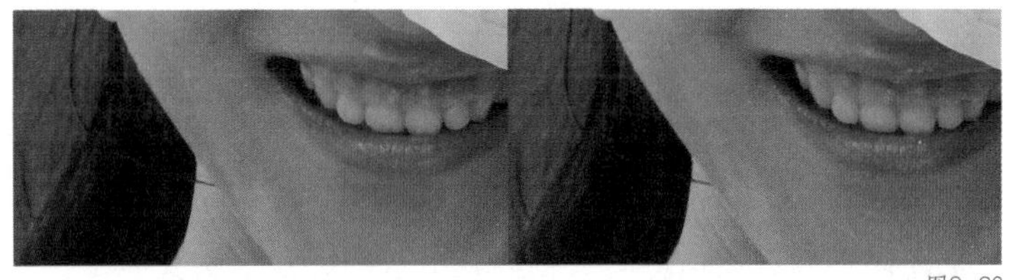

图2-20

接下来处理背景中的斑点。注意，需要顺着背景的颜色去修复，避免因为颜色不一致出现新的瑕疵，如图 2-21 所示。

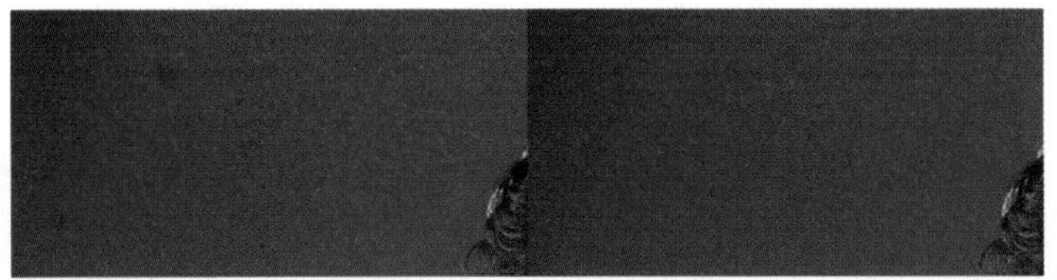

图2-21

用【仿制图章工具】磨皮和处理碎发

处理瑕疵之后，进行磨皮操作，让皮肤更加完美。首先复制“瑕疵”图层，将新图层命名为“磨皮”。选择【仿制图章工具】，【不透明度】设置为【10%】，【模式】设置为【正常】,【样本】设置为【当前和下方图层】，笔的【硬度】设置为【0%】。创建一个新图层，命名为“磨皮空层”，这样在磨皮时并不是直接在图上修改，方便后期做一些处理。

使用【仿制图章工具】把皮肤上的小颗粒、粗大的毛孔、鱼尾纹、颈纹、腋下皱纹等一点点覆盖掉，让模特皮肤变得光滑，同时保留皮肤的肌理，使人物整体显得更加年轻有活力，如图 2-22 所示。磨皮是一个非常细致的工作，通过多次的覆盖，就可以将这个区域的瑕疵去除。

图2-22

注意 在进行磨皮的时候，要时刻注意最大化保留皮肤的细节。要在与待磨皮区域相近的地方取样。选择区域时，可以先处理出一块比较平整的区域，然后再拿这个平整的区域去处理整个面部。

皮肤处理干净后，开始处理碎发。头发对人物的整体形象是非常重要的，碎发太多，会显得画面很凌乱。使用【仿制图章工具】将过多的碎发覆盖掉，适当地保留一些碎发会显得更加自然。处理额头上的碎发时，要顺着一个方向，让额头保持一个平滑的状态。处理完碎发后选出一块区域补发际线，让头发显得更密集一点。注意，在选取区域的时候，尽量找走势相同的头发，如图 2-23 所示。

图2-23

用【高反差保留】滤镜来提升皮肤质感

磨皮之后，皮肤变得光滑、完美，但是缺少真实感，还需要给皮肤增加一些细节，让皮肤显得更加真实。复制“磨皮空层”图层，将新图层命名为“高反差保留”。选择这一图层，将【高反差保留】滤镜的【半径】设置为【1 像素】。图层的混合模式设置为【线性光】，这时可以看出模特皮肤上的颗粒感，如图 2-24 所示。

提示 判断皮肤修饰质量高低的方法是将图片放大到200%，如果看到皮肤还是很细腻，有质感，则证明质量非常高。

图2-24

用【添加杂色】滤镜让皮肤更有质感

复制“磨皮空层”图层，将新图层命名为“杂色”。将杂色【数量】设置为【0.5%】，勾选【单色】选项，选中【平均分布】单选按钮，进一步增加皮肤的细节，如图 2-25 所示。

图2-25

通过【添加杂色】滤镜和【高反差保留】滤镜，可以提升人物皮肤的质感。在进行人像后期修图时，如果皮肤修得过于细腻，则与人的真实皮肤不符。要让人物的皮肤有细节，具有真实感可以通过【高反差保留】滤镜和【添加杂色】滤镜来增加一些颗粒，使皮肤更加真实，修图后的效果也更加“高级”。

用液化工具调整人物形体

按快捷键 Ctrl+Alt+Shift+E，“盖印”图层（把选中图层的内容合并到一个新的图层上而不影响原始内容），命名为“液化”。执行“滤镜→液化”命令，选择【向前变形工具】，从上向下调整，先调整头发。在拍摄的时候，人物的头发有的地方翘起来了，显得不精致。调整头发可以让人物的头型更加饱满、精致，如图 2-26 所示。

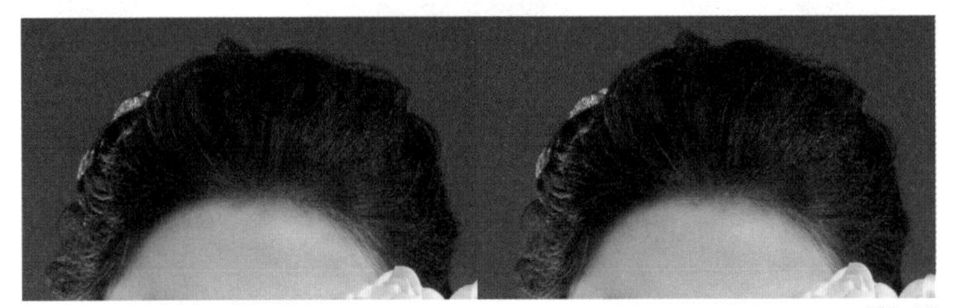

图2-26

接着调整人物的手指、脖颈和胳膊。选择【向前变形工具】，将手指稍微往里收一点，会显得手特别修长。拉长脖颈之后，会显得整个人很挺拔。然后使用【膨胀工具】处理锁骨部分。修好后，模特整体显得更加精神，如图 2-27 所示。

图2-27

注意 对于人像后期修图而言，既让人像完美，又让人像显得真实，才是比较高级的修图。

修图结束后，将效果图导出为 JPG 格式文件。将未经任何修改的原图（摄影师提供的图片）、最终效果的 JPG 格式文件和工程文件按照要求格式命名，并放到同一个文件夹，如图 2-28 所示，然后将文件夹提交给客户。

图2-28

【拓展知识】

本项目主要涉及对人物皮肤的修饰，除此之外，对人物形体的修饰技巧也很常用。

知识点 1 人体比例关系

标准的人体比例为身高是头长度的 7 ～ 7.5 倍，因为通常男生会比女生高一些，所以女生的头身比一般是 1 : 7，男生的头身比一般是 1 : 7.5。人平展双臂的宽度一般等于身高。衡量人体比例时一般以头的长度为单位，如颈部的长度是 1/3 个头长、上肢为 3 个头长、下肢为 4 个头长，如图 2-29 所示。在修图时，一般会把人的头身比往稍微夸张的方向修，这样可以让人看起来更加修长、美丽。

人体在不同的姿势下比例是不一样的。在绘画中有一句口诀——立七坐五盘三半，指的就是人体在不同姿势下头部和身体的比例关系，如图 2-30 所示。这些比例都可以作为实际修图时的参考。

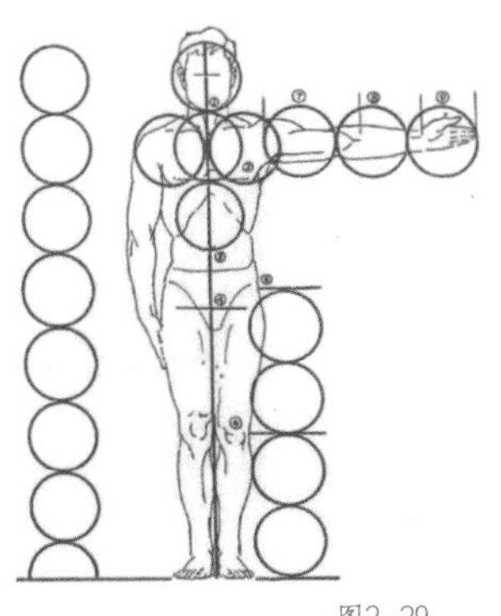

图2-29

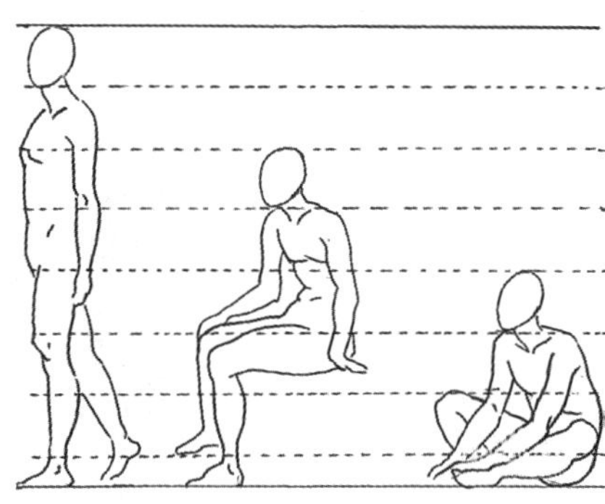

图2-30

知识点 2 加深工具和减淡工具

【加深工具】和【减淡工具】位于工具箱中，使用它们涂抹需要加深或减淡的区域即可。

在调整细节光影时，可以用【加深工具】和【减淡工具】，如半身人像或人物表情特写，就需要细致地修饰面部光影，需要提亮的地方用【减淡工具】，需要暗下来的地方则用【加深工具】。如果想消除衣服上的褶皱，也可以通过这两个工具进行调整。在调整时要特别注意的是，同一个地方不要反复涂抹。用【加深工具】和【减淡工具】调整皮肤明暗细节时，【曝光度】的值要根据被调整的部位的亮暗程度进行调节，一般控制在 5% ～ 8%，画笔不要太大，不要影响人物的整体明暗结构，只用小画笔在细节处调整即可。

图 2-31 中的人物皮肤细节部分明暗不均，造成视觉上很“脏”的效果。复制图层，用【加深工具】涂抹脸部阴影处较亮的地方，用【减淡工具】涂抹脸部阴影处较暗的地方，如图 2-31 所示。

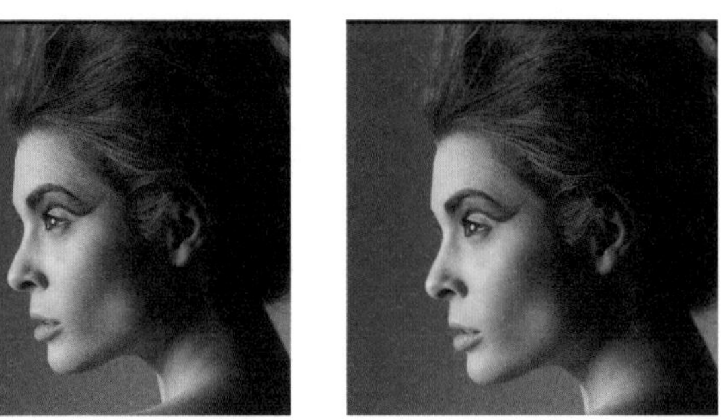

图2-31

知识点 3 内容识别填充

内容识别填充是 Photoshop 中系统自动对图像进行修改的调整功能，使用起来特别方便。内容识别填充常用于修复图片中的污点或水印等问题，如果选中的修复部分所处的图像环境复杂，系统的自动修复可能无法实现理想的效果。

比如，想要去掉图 2-32 左图中地面的污渍，可以先用【套索工具】将其选中，然后单击鼠标右键，在弹出的菜单中选择【填充】。这时系统将弹出【填充】对话框，在该对话框的【内容】下拉列表框中选择【内容识别】。

图2-32

【作业】

一家服装电商的店铺即将上架夏装新品，需要在店铺首页放主推品的宣传图。为了吸引更多顾客，提高销售额、树立品牌形象，该电商品牌负责人需要你对主推品的宣传图中的人像进行精修。修图完成后将最终的图片发给电商品牌负责人确认。各方确认无误后，会将该图发布到网站上。

项目资料如图 2-33 所示。

图2-33

修图要求如下。

（1）模特过瘦，骨形轮廓过于分明，身体和手臂不协调，需要处理。

（2）模特身体的曲线不够柔美、协调，需要优化。

（3）衣服花纹褶皱显得腹部凸出，不够美观，需要处理。

（4）人物皮肤光滑细腻，同时保持自然感。

文件交付要求如下。

（1）文件夹命名为“YYY_主推夏装后期_日期”（YYY 代表你的姓名，日期要包含年、月、日）。

（2）此文件夹包括以下文件：未经任何修改的原图（摄影师提供的图片）、最终效果的 JPG 格式文件，以及 PSD 格式工程文件。

（3）尺寸：545px × 817px。颜色模式：CMYK。分辨率：300ppi。

完成时间：2 小时。

【作业评价】

序号	评测内容	评分标准	分值	自评	互评	师评	综合得分
01	形体处理	人物动作是否协调； 身体曲线是否柔美	20				
02	皮肤处理	皮肤是否光滑细腻； 磨皮是否自然	20				
03	背景处理	背景环境是否干净； 光影过渡是否符合实际	20				
04	软件技术	是否能够运用恰当的工具进行修图； 软件的使用是否熟练	20				
05	效果呈现	是否符合客户需求	20				

注：综合得分 =（自评 + 互评 + 师评）/3

项目3

风景照片调色

风景照片调色是指对以自然风光为主体的照片进行后期调整，以达到更高的艺术效果。调色包括调整色温、色彩饱和度、对比度、亮度和曝光度等，使照片更加清晰、明亮、鲜艳和生动。

风景照片调色常见于旅游摄影和商业摄影。在旅游摄影中，对风景照片进行调色，可以让照片更加生动、美观，增强视觉冲击力，让人身临其境；在商业摄影中，对风景照片进行调色，可以让照片更“专业”、提升价值感。

本项目将带领读者从修图师的角度完成一张风景照片的调色，从而使读者掌握用Photoshop进行图片调色的方法。这些方法也可以应用到其他调色项目中，读者学习后可举一反三。

【学习目标】

了解色彩的基础知识，使用 Photoshop 的调整图层和调色命令、【曲线】【可选颜色】【亮度 / 对比度】和【自然饱和度】工具修饰风景照片，掌握风景照片调色的方法和技巧。

【学习场景描述】

假设现在有一位专门拍摄自然风光纪录片的导演正在招聘一名后期修图师，他需要一位有经验、技术过硬、能够熟练运用各种图像处理软件的修图师，以帮助他完成拍摄素材的后期处理工作。现在有一张风景照片给应聘的修图师（你）进行试调色，需要通过精细的修图来呈现出生动的画面效果。如果导演满意，将考虑与你长期合作。

【任务书】

项目名称

风景照片调色。

项目资料

风景照原图如图 3-1 所示。

图3-1

项目要求

（1）风景照画面层次丰富、立体。

（2）风景照颜色厚重饱满，有蔚蓝的天空和金黄的草地。

（3）加强近景和远景的明暗区别。

项目文件制作要求

（1）文件夹命名为“YYY_风景后期_日期”（YYY 代表你的姓名，日期要包含年、月、日）。

（2）此文件夹包括以下文件：未经任何修改的原图（摄影师提供的图片）、最终效果的 JPG 格式文件，以及 PSD 格式工程文件。

（3）尺寸：3648px × 1795px。颜色模式：RGB。分辨率：180ppi。

完成时间

1 小时。

【任务拆解】

1. 分析任务要求并制订调色方案。
2. 使用【曲线】面板加强画面明暗对比。
3. 通过选区和【曲线】调整图层添加光线。
4. 通过【可选颜色】调整图层加强秋天氛围。
5. 通过【亮度 / 对比度】调整图层和【自然饱和度】调整图层加强画面表现力。
6. 通过调整图层的蒙版调整画面局部的明暗。
7. 添加暗角，加强远景和近景的区别。

【工作准备】

在进行本项目的制作前，需要掌握以下知识。

1. 色彩的基础知识。
2. 调整图层和调色命令。
3. 【曲线】调整图层。

4.【可选颜色】调整图层。

5.【亮度 / 对比度】调整图层。

6.【自然饱和度】调整图层。

如果已经掌握相关知识可跳过这部分，开始工作实施。

知识点 1 色彩的基础知识

既然要学习调色，就不能浮于表面，单纯学习如何用工具对色彩进行调整，还必须知道色彩是什么、色彩该如何搭配等。只有理解了最基本的色彩理论，才能自如地调出自己想要的色彩。

1. 影调

影调也被称为三大阶调，指的是图像的亮调（高光）、灰调（中间调）和暗调（阴影）。亮调指的是画面中相对较亮的区域，如图 3-2 中黄色枫叶的部分；灰调指的是画面中看起来不太亮也不太暗的区域，如图 3-2 中绿色枫叶的部分；暗调指的是画面中较暗的区域，如图 3-2 中远处的背景部分。大部分的影调人们用肉眼就能直接感受到。

注意，影调指的是明暗关系，与色彩无关。在对画面的色彩进行调整时，通常会根据影调来调整局部色彩的明暗，进行色彩搭配。

图3-2

2. 色彩三要素

色彩三要素指的是描述色彩的 3 个维度——色相、饱和度和明度。

（1）色相

色相指的是人们口中常说的“赤橙黄绿青蓝紫”。色相通常以色轮的方式呈现，如图 3-3 所示。颜色在色轮上的位置需要记忆，特别是红、品红、青、蓝、绿、黄 6 种颜色的位置以及它们的相对位置。因为在 Photoshop 中进行调色时，大多数的调色操作都是以这 6 个颜色为锚点，如果不知道这几个颜色在色轮上的位置，就不好对色彩进行准确的调整。

这里提供一个记忆的小窍门。色轮一圈为360°，红色位于0°的位置，红、绿、蓝相距120°。而与红色相对的颜色是青色，位于180°的位置，青色、黄色、品红也相距120°。

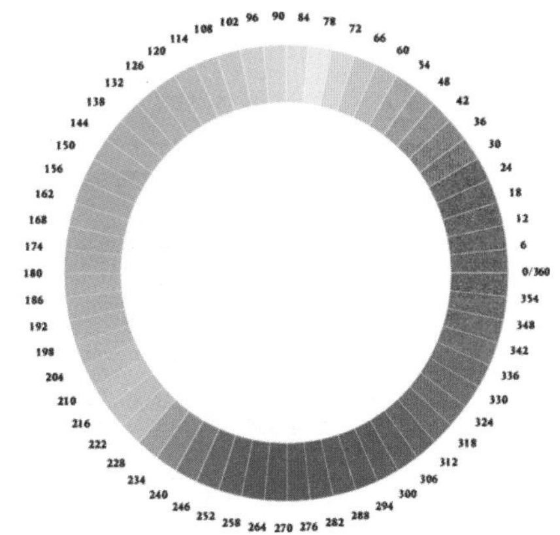

图3-3

（2）饱和度

饱和度指的是色彩的鲜艳程度。饱和度越高，颜色越鲜艳；饱和度越低，颜色越灰暗。如果将饱和度调整到最低，图像就会变成黑白色。

（3）明度

明度指的是色彩的明暗程度。明度越高，颜色越亮；明度越低，颜色越暗。如果将明度调整到最高，颜色将变为纯白；如果将明度调整到最低，颜色将变为纯黑。在这两种情况下，其余色相都会消失。

掌握了色彩三要素的知识，就可以将一个颜色调成另外一个颜色，如图 3-4 和图 3-5 所示。调整的方法是选中颜色区域，先调整色相，如将蓝色调整为绿色，然后根据颜色的鲜艳程度和亮度来调整饱和度和明度。

明度和饱和度容易混淆，但实际上它们是色彩的两个不同指标。明度高的色彩饱和度不一定高，如浅黄色与黄色相比，明度高但饱和度低。图 3-6 所示能帮助读者理解色彩三元素之间的关系。

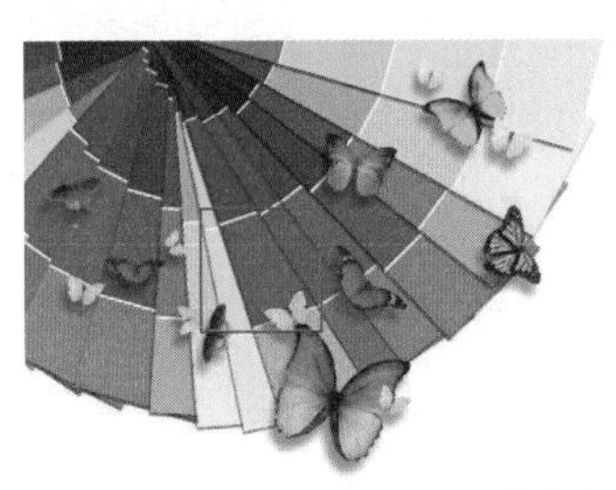
图3-4

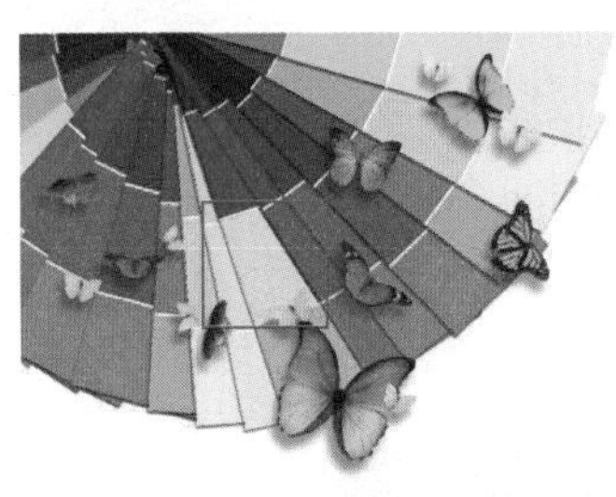
图3-5

图3-6

3. 颜色模式

颜色模式有很多，最常用的是 RGB 模式和 CMYK 模式。色轮中需要记忆的 6 种颜色，就包括 RGB 模式的红、绿、蓝，以及 CMYK 模式的青、品红、黄。

RGB 模式是加色模式，颜色叠加得越多就越亮，红、绿、蓝 3 种颜色叠加在一起会得到白色，这 3 种颜色两两叠加，就会得到青、品红、黄 3 种颜色，如图 3-7 所示。

CMYK 模式是减色模式，颜色叠加得越多越暗，青、品红、黄 3 种颜色叠加在一起会得到黑色，如图 3-8 所示。

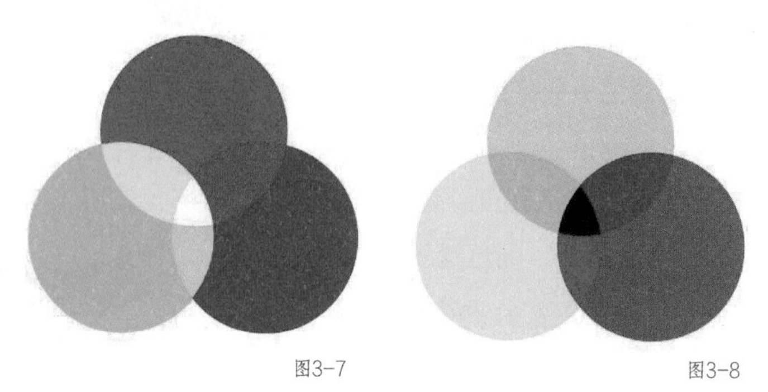

图3-7　　图3-8

所有图片的呈现方式都可以简单地分为两类。一类是通过显示器呈现的，也就是设备自己发光呈现出图片，如投影仪、手机、平板电脑等，这类图片需要使用 RGB 模式；另一类图片是通过印刷呈现的，如书籍、海报、照片等，这类图片是通过油墨颜料的叠加来表现色彩的，需要使用 CMYK 模式。

4. 色彩的冷暖知识

任何人看到某一个颜色后都会有一些感受，或接收到颜色携带的信息。在调色时，了解色彩给人的感受，才会更好地传达信息。其中，最基本也是最直观的感受就是色彩的冷暖。

有一些颜色给人的感受是寒冷的，如图 3-9 中的绿色、青色、蓝色。实际上，绿色是一个中性色，不过大部分人会觉得绿色看起来是偏冷的。

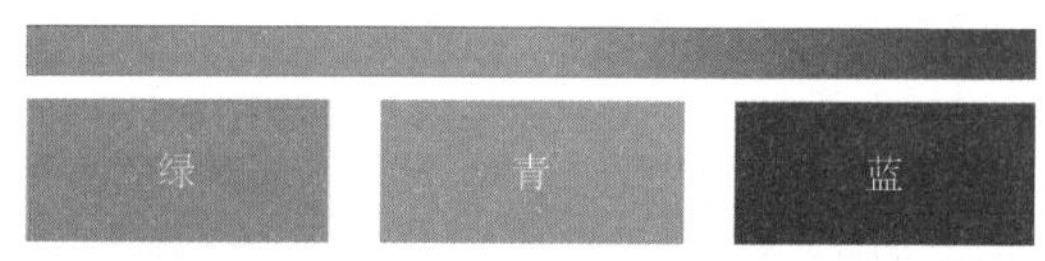

图3-9

图 3-10 和图 3-11 所示的是自然界中的冷色，这些照片给人的感觉比较干净，或比较清凉、寒冷。

图3-10

图3-11

图 3-12 和图 3-13 所示是商业图片中冷色的运用。可以看到，这些图片要么让人感觉特别干净，要么让人感觉比较冷酷、硬朗。

图3-12

图3-13

有一些颜色给人的感受是温暖的，如图 3-14 中的红色、橙色、黄色。洋红跟绿色一样，也是中性色，不过大部分人会觉得洋红看起来是偏暖的。

图 3-15 和图 3-16 所示的是自然界中的暖色，这些照片会给人温暖、温馨、热烈、火热等感受。

图3-14

图3-15

图3-16

图 3-17 和图 3-18 展示的是商业图片中暖色的运用。可以看到，这些图片要么让人感觉特别温暖、温馨，要么让人感觉比较热烈等。

图3-17

图3-18

知识点 2 调整图层和调色命令

在 Photoshop 中，使用调整图层或调色命令都能对照片进行调色。添加调整图层的选项位于【图层】面板中，如图 3-19 所示。

调色命令位于【图像】菜单的【调整】子菜单中，如图 3-20 所示。调整图层与调整命令的功能基本一致。

图3-19

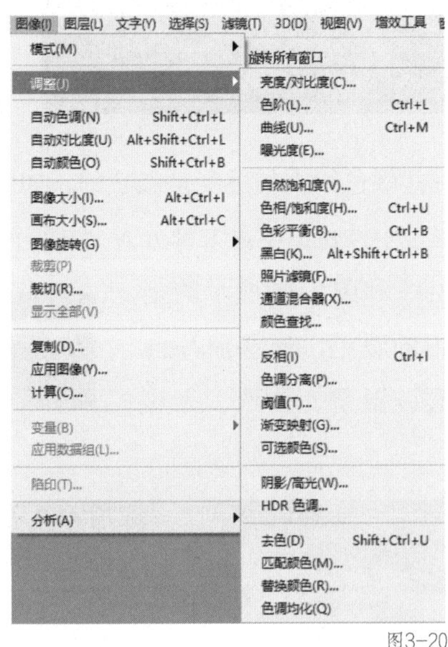

图3-20

调整图层与调色命令的最大差别在于：执行调色命令对图片进行调整，改变是不可逆的，会破坏图片的像素，属于破坏性编辑；而使用调整图层对图片进行调整，所有的调色效果都将应用在一个新的图层上，属于非破坏性编辑。因此，对图片进行比较复杂的调色处理时，建议使用调整图层。调整图层结合蒙版，可以对图片的局部进行精细调整，操作起来更加方便，还方便后续的修改和编辑。

知识点 3【曲线】调整图层

【曲线】调整图层是常用的调色工具之一，几乎可以满足各类调色需求，需要我们重点掌握。曲线可以调整图片的明暗和色彩。

1. 认识曲线

给图片添加【曲线】调整图层后，【属性】面板将出现曲线调整坐标轴，以 RGB

模式为例，如图 3-21 所示。

2. 曲线坐标轴中的对角线

曲线坐标轴中间有一条对角线，操作曲线其实就是调整对角线的位置。在对角线上单击可以建立一个点。

将点往上调整，对角线就会移动到原来位置的上方，如图 3-22 所示，图片会变亮。

将点往下调整，对角线就会移动到原来位置的下方，如图 3-23 所示，图片会变暗。这就是曲线的基本使用方法。

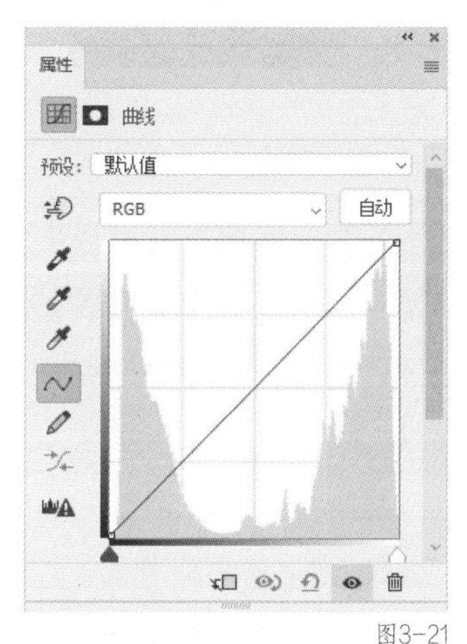

图3-21

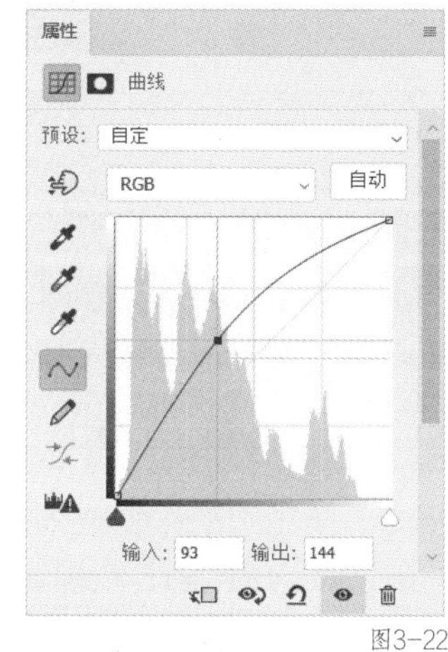

图3-22

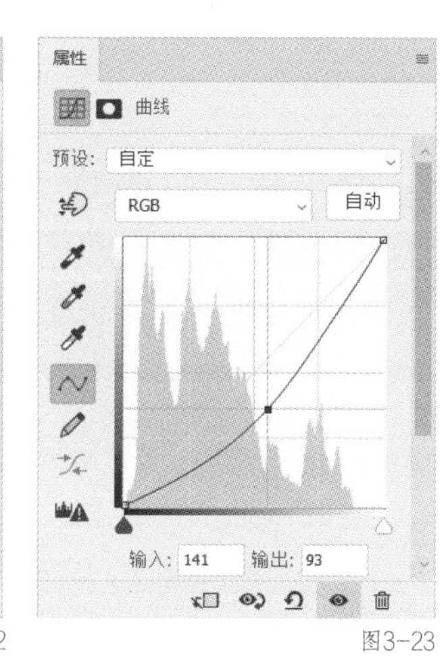

图3-23

注意 使用曲线时，一定要上下拖曳对角线上的点，不要左右拖曳。一旦将点左右拖曳，说明图像调整的目标还不明确。

在坐标轴上创建的点代表的是画面的某个影调，主要对应的是横轴。下面以图 3-24 为例进行调整。

图 3-25 中的点代表的是图片的亮调，往上调整就是让亮部变亮，效果如图 3-26 所示。

图3-24

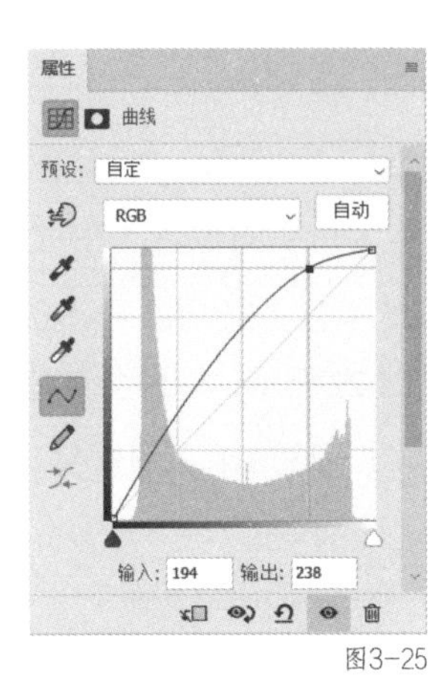

图3-25

图3-26

3. 用曲线进行局部调整

调整后，图片不仅亮部变亮了，整体也都变亮了，这是因为曲线调整的不只是一个点，对角线上的其他点也向上调整了。如果只想调整局部，可以在对角线上增加多个点。在上面的例子中，如果只想调整亮部，保持暗部不变，可以在暗部增加点，并将暗部的曲线调整回原对角线的位置，如图 3-27 和图 3-28 所示。

对角线上创建的点越多，调整就越细致，但创建的点不是越多越好。调整的点太多，图片可能会失真。通常只在亮调、中间调、暗调 3 个位置创建点进行调整。

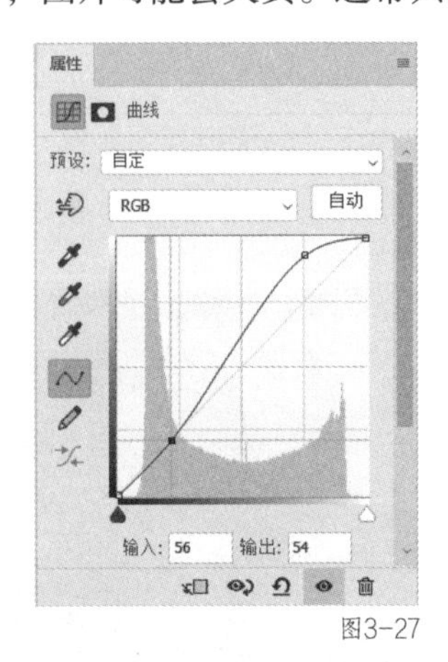

图3-27

图3-28

4. 用曲线增强对比

遇到图片较“灰”的情况，可以通过调整亮部和暗部的点来增强对比，让图片看起来更清晰，如图 3-29 和图 3-30 所示。

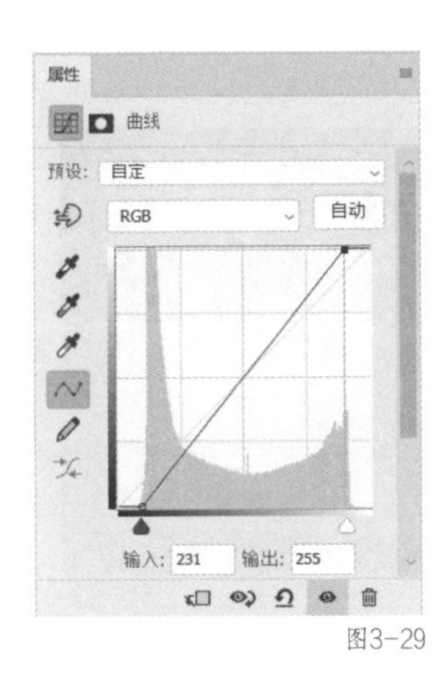

图3-29

图3-30

5. 用曲线调整色相

除了调整影调，在【曲线】面板中还能针对不同的颜色通道进行调色。以 RGB 的红色通道为例，将曲线下调图片会偏绿，如图 3-31 和图 3-32 所示。其他通道的调色方法类似。使用曲线调色时，同样可以创建多个点来实现细节调整。

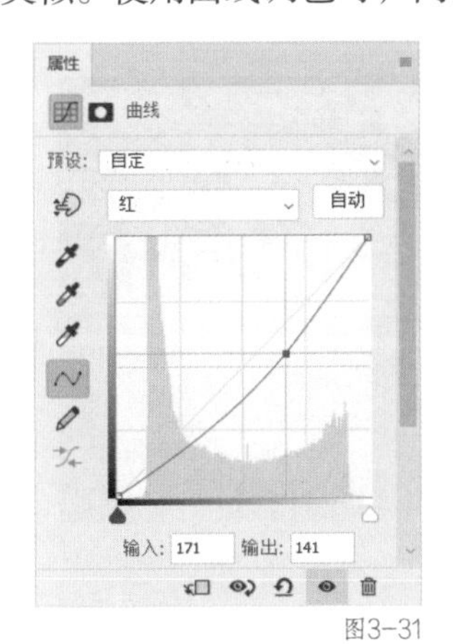

图3-31

图3-32

知识点 4【可选颜色】调整图层

【可选颜色】调整图层是 Photoshop 调色工具中不需要选区就可以对局部进行调整的工具之一，通常用来调整一些边缘复杂，但是颜色与其他区域相差较大的区域。给图像添加【可选颜色】调整图层后，【属性】面板如图 3-33 所示（基于 CMYK 模式进行调整）。

【可选颜色】调整图层的使用方法很简单，选择想要调整的颜色区域，拖曳对应的参数滑块即可。以图 3-34 为例，这是一张冷暖对比强烈的山水风景照片。

图3-33

图3-34

如果想要降低图 3-34 中红色枫叶的饱和度，可在【颜色】下拉列表框中选择【红色】，再增大【青色】的值（在 CMYK 模式下没有【红色】选项，青色是红色的互补色，增加青色即减少红色），如图 3-35 所示，调整效果如图 3-36 所示。想要用好【可选颜色】调整图层，需要熟悉颜色的补色关系。

图3-35

图3-36

【可选颜色】面板中的 3 个参数【青色】【洋红】【黄色】是用来调整色相的，而【黑色】参数是用来调整颜色的明暗程度的，也就是明度。

【可选颜色】面板下方的【相对】和【绝对】单选按钮用于控制颜色的调整程度。如果需要重度调整，选中【绝对】单选按钮；仅需轻度调整，选中【相对】单选按钮。

使用【可选颜色】面板时，如果想让颜色变化更明显，可以调节多个参数。想要调整山水的色调，让图片主体呈现出统一的暖色调，可添加【可选颜色】调整图层，选择山水的颜色区域，减少青色，增加洋红，【属性】面板如图 3-37 所示，效果如图 3-38 所示。

图3-37

图3-38

知识点 5【亮度/对比度】调整图层

【亮度/对比度】调整图层主要用来调整图像的明暗程度和色彩对比度。给图片添加【亮度/对比度】调整图层后,【属性】面板如图 3-39 所示。

以图 3-40 为例，这是一张色彩较平淡的风景图。

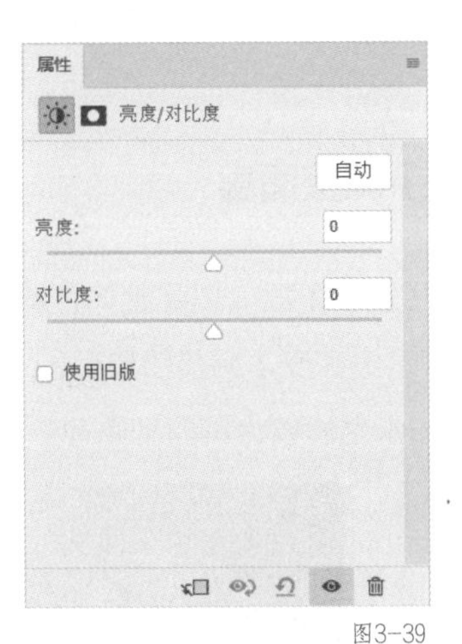

图3-39

图3-40

通过调整亮度改变图片的明暗程度,【属性】面板如图 3-41 所示，调整亮度后的效果如图 3-42 所示。

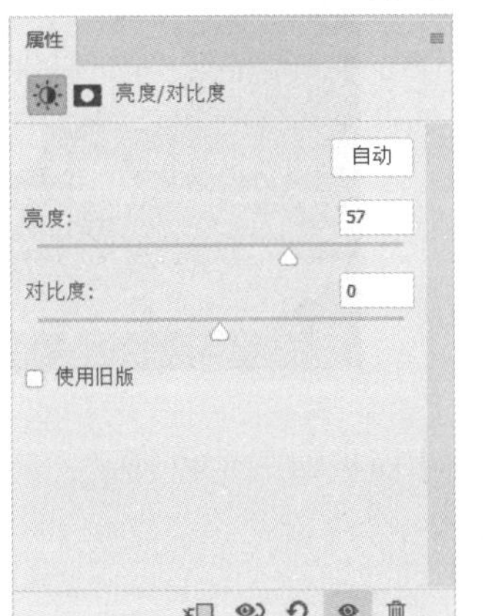

图3-41

图3-42

通过调整对比度改变色彩对比度，【属性】面板如图 3-43 所示，提升对比度后的效果如图 3-44 所示。

图3-43

图3-44

知识点 6【自然饱和度】调整图层

【自然饱和度】调整图层是在不改变图像整体色彩的情况下，调整图像中各个颜色的饱和度。给图片添加【自然饱和度】调整图层后，【属性】面板如图 3-45 所示。

以图 3-46 为例，这是一张色彩较为沉闷的图片。

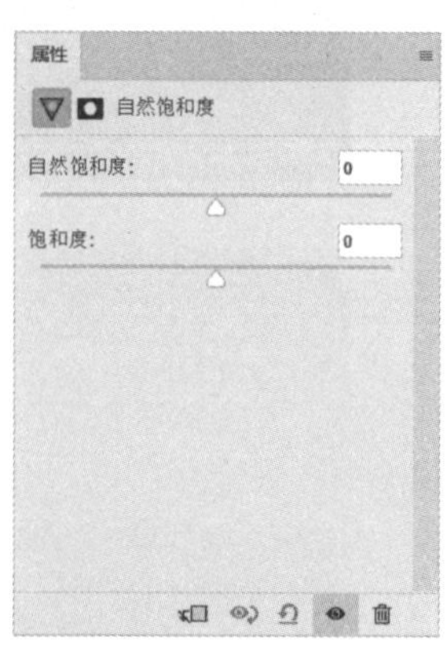

图3-45

图3-46

调整自然饱和度【属性】面板如图 3-47 所示，调整自然饱和度后的效果如图 3-48 所示。

图3-47

图3-48

通过调整饱和度使图片更艳丽,【属性】面板如图 3-49 所示，提升饱和度后的效果如图 3-50 所示。

图3-49

图3-50

提示 自然饱和度调整与色相饱和度调整都是图像处理中常用的调整手段，但是它们之间有一定的区别。自然饱和度调整是在不改变图像颜色的情况下，提高或降低图像中颜色的饱和度，通常用于需要保持图像色彩自然的情况。而色相饱和度调整是在改变图像颜色的情况下，提高或降低图像中颜色的饱和度，通常用于创意设计和艺术创作。

至此，本章已经介绍完实现项目所需的主要知识，下面就利用这些知识完成项目吧!

【工作实施和交付】

首先理解任务的要求，并仔细检查原片中的色彩问题，如画面明暗对比不清晰、画面层次感不明显、颜色不饱满等；然后“对症下药”，用恰当的工具对图片进行调色处理；最终交付合格的图片。

分析任务要求并制订调色方案

根据客户的需求，对原片进行分析。原图是一张合格的草原照片，曝光正常，没有偏色，但没有经过后期处理，照片显得略微平淡，如图 3-51 所示。

图3-51

为了使画面层次丰富、立体，可以通过【曲线】调整图层来加强画面的明暗对比，提亮画面的中心位置，为画面添加光线，从而使画面更加透亮。为了使照片颜色厚重饱满、画面更生动，可以使用【可选颜色】调整图层来加强天空的蓝色和秋天草地的黄色。为了丰富画面颜色，使画面更有表现力，可以通过【亮度\对比度】调整图层和【自然饱和度】调整图层来增强画面的对比度和饱和度。为了使画面更立体、更有层次感，可以通过调整图层的蒙版的显示和隐藏功能调整画面局部明暗。为了使画面的远景和近景有明暗区别，突出视觉重点，可以通过添加暗角，让地面暗、天空亮。

使用【曲线】面板加强画面明暗对比

打开原照片，为了不破坏原照片且方便修改，打开【图层】面板，把背景图层拖曳到【新建图层】按钮上进行复制。为了加强画面的明暗对比，在【曲线】面板上进行调整，可以采用 S 形曲线，使得暗部更暗、亮部更亮，提高画面对比度，如图 3-52 所示。使用同样的方法调整【绿】通道和【蓝】通道，调整后的效果如图 3-53 所示。

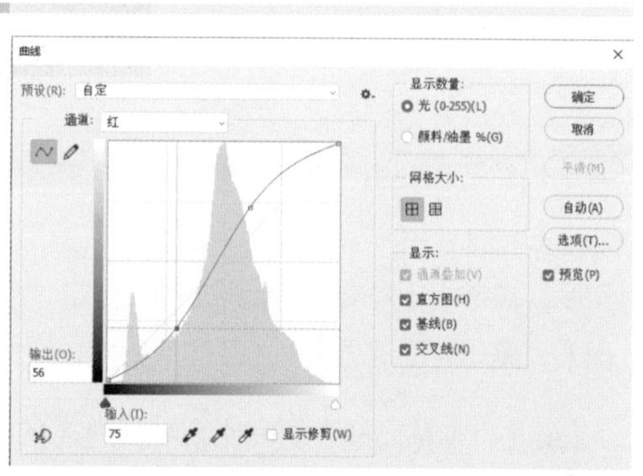

图3-52

图3-53

应用调整后的通道。在【通道】面板中选择【绿】通道，执行“图像→应用图像”命令，打开【应用图像】对话框。

红通道和绿通道在图像中的亮度和对比度差异较大，为了使图像更加鲜明和清晰，选择【红】通道，使用红通道覆盖绿通道，调整【混合】模式为【正常】,【不透明度】设置为【65%】。降低不透明度以后，减小了【红】通道和【绿】通道的亮度和对比度的差异，图像更加生动。用同样的方法调整【蓝】通道。回到【图层】面板，可以看到调整后的图片比原图对比更强烈，但是颜色变得不自然，饱和度偏低，如图 3-54 所示。

图3-54

图3-55

为了使图片的颜色变得正常，在【图层】面板中，将图层的混合模式改为【明度】，只保留图层的明度信息，便于观察调整，如图 3-55 所示。

通过观察画面发现，天空变得比较黑，因此可以给这一个图层添加图层蒙版，用【画笔工具】擦除天空的部分，显示下一个图层中天空的颜色，使天空变明亮，效果如图 3-56 所示。

图3-56

通过选区和【曲线】调整图层添加光线

为了使画面更加透亮，可以在图片中心部分添加光线。选择【椭圆选框工具】，在画面的中心部分拖曳出一个椭圆选框，将【羽化】设置为【200 像素】。然后给选区创建一个【曲线】调整图层，通过调整曲线，提亮选区，效果如图 3-57 所示。

图3-57

通过【可选颜色】调整图层加强秋天氛围

为了使照片颜色厚重饱满，可以使用【可选颜色】调整图层进行调色，加强天空的蓝色和秋天草地的黄色。新建【可选颜色】调整图层，【颜色】选择【黄色】，选中【绝对】单选按钮，降低【青色】和【洋红】的值，提高【黄色】的值；【颜色】选择【蓝色】，提高【青色】和【洋红】的值，降低【黄色】的值，如图 3-58 所示。

图3-58

通过【亮度/对比度】调整图层和【自然饱和度】调整图层加强画面表现力

新建【自然饱和度】调整图层，增大【自然饱和度】的值，提高画面饱和度；新建【亮度/对比度】调整层，增大【对比度】的值，提高画面对比度，如图 3-59 所示。

图3-59

通过调整图层的蒙版调整画面局部的明暗

通过调整图层的蒙版的显示和隐藏，调整画面局部明暗，从而增加画面层次感。

先加深画面的阴影部分。新建【曲线】调整图层，把曲线往下压，使画面整体变暗。然后隐藏刚才调整的曲线效果，便于涂抹加深。将蒙版的前景色填充为黑色，选择【画笔工具】，将【不透明度】调整为【100%】，调整画笔的大小，将前景色设置为白色，涂抹画面中的阴影部分，加重深色的部分，如图 3-60 所示。

图3-60

提亮画面的高光部分。新建【亮度/对比度】调整图层，使画面整体变亮。

同样使用蒙版操作，隐藏效果后涂抹水面的部分，加强高光的部分，让水更加透亮，如图 3-61 所示。

图3-61

添加暗角，加强远景和近景的区别

为了使画面的远景和近景有明暗区别，添加暗角，突出视觉重点。选择【椭圆选框工具】，在画面中部拖曳出一个椭圆选框并调整位置，如图 3-62 所示。

图3-62

通过羽化功能使选区边缘变得柔和。反选选区，新建一个【曲线】调整图层，将曲线向下压，这样画面的四角就会变暗，从而突出中心部分。按快捷键 Ctrl+T，调整暗角位置和大小，让地面更暗、天空更亮。这样照片就调整好了，如图 3-63 所示。

图3-63

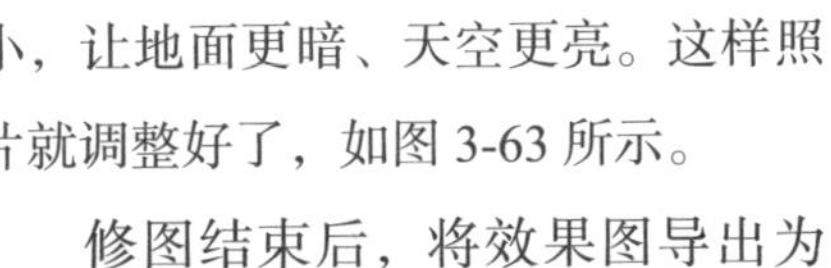

修图结束后，将效果图导出为 JPG 格式文件。将未经任何修改的原图（摄影师提供的图片）、最终效果的 JPG 格式文件和工程文件按照要求格式命名，并放到同一个文件夹，如图 3-64 所示，然后将文件夹提交。

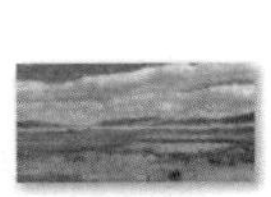

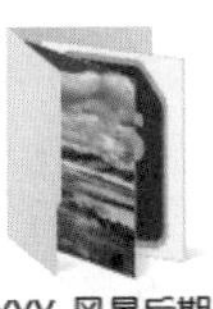

图3-64

【拓展知识】

除了本项目涉及的功能，图像调色还涉及【色相 / 饱和度】、【色阶】和【色彩平衡】调整图层。

知识点 1【色相 / 饱和度】调整图层

【色相 / 饱和度】调整图层主要用于调整色彩三要素——色相、饱和度和明度。给图片添加【色相 / 饱和度】调整图层后，【属性】面板如图 3-65 所示。

以图 3-66 为例，这是一张颜色比较暗淡的风景照。

图3-65

图3-66

通过调整【色相】改变图片的颜色，【属性】面板如图 3-67 所示，调整色相后的效果如图 3-68 所示。

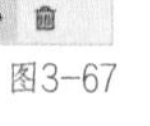

图3-67

图3-68

通过调整【饱和度】改变色彩的鲜艳程度,【属性】面板如图 3-69 所示，提升饱和度后的效果如图 3-70 所示。

图3-69

图3-70

通过调整【明度】改变色彩的明暗程度,【属性】面板如图 3-71 所示，提升明度后的效果如图 3-72 所示。

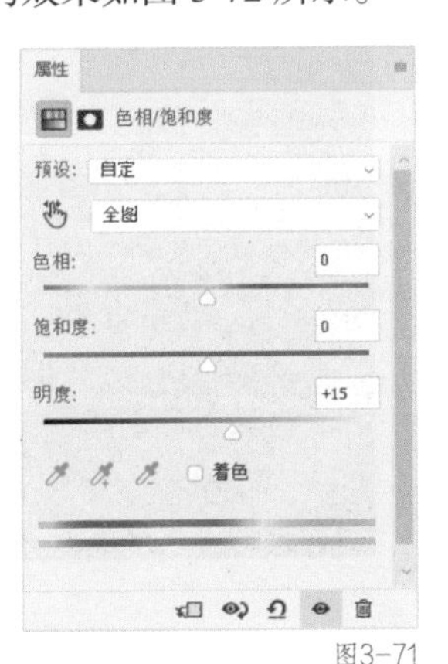

图3-71

图3-72

注意【色相/饱和度】面板中的明度指的是颜色的明暗，而不是影调的明暗，与使用【曲线】调整图层来提亮图像有很大区别。提高【色相/饱和度】面板中的【明度】【调亮】的值将导致颜色丢失，图片变“灰”。

在实际操作中，很少需要对图片的整体色相进行调整，局部微调居多。如果希望调整图 3-72 中草地的颜色，可在【色相 / 饱和度】面板中选择【黄色】(因为草地颜色偏黄，所以选择【黄色】，而不是【绿色】)，再调整其色相，如图 3-73 和图 3-74 所示。

图3-73

图3-74

知识点 2【色阶】调整图层

【色阶】调整图层主要用于调整图像的明暗程度。给图片添加【色阶】调整图层后，【属性】面板如图 3-75 所示。

横坐标轴下方有 3 个滑块，分别代表暗调、中间调和亮调，在滑块下方的框中输入数值或直接移动滑块都可对图像的明暗层次进行修改。

色阶纵坐标轴左侧的 3 个工具可以帮助你准确吸取画面中的最暗像素、普通亮度像素和最亮像素，以便进行更准确的调整。

图 3-76 所示的图像色彩比较暗淡，主体不鲜明，可以通过【色阶】调整图层进行调整，如图 3-77 所示。

调整后效果如图 3-78 所示，图像更加清晰了。

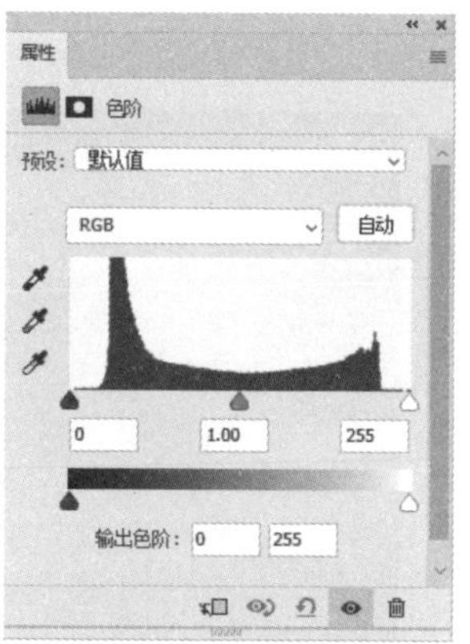

图3-75

图3-76

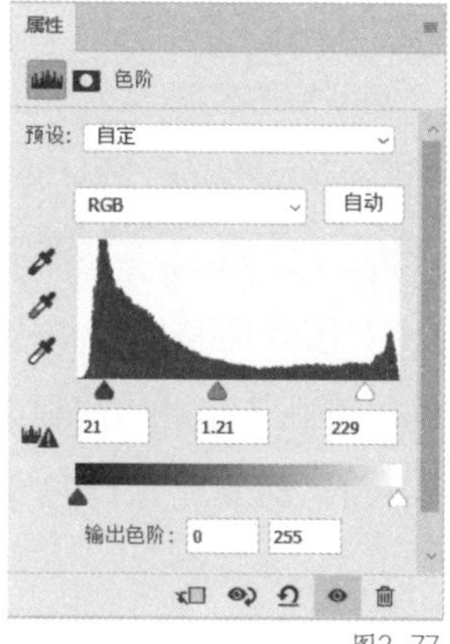

图3-77

图3-78

注意 通过【色阶】调整图层对图像进行调整是比较粗犷的，容易使图像偏离自然的状态，因此在调整时需要时刻注意图像的变化，在用【色阶】调整图层调整后也可用【曲线】调整图层进一步调整。

知识点 3【色彩平衡】

【色彩平衡】调整图层是最基本的调色工具，常用于图片颜色的整体调整或局部细微调整，如照片的冷暖调整等。给图片添加【色彩平衡】调整图层后，【属性】面板如图 3-79 所示。

使用【色彩平衡】调整图层调色时，调整需要改变的颜色参数即可，如想使颜色偏红一点，就将调节滑块往红色的方向移动。

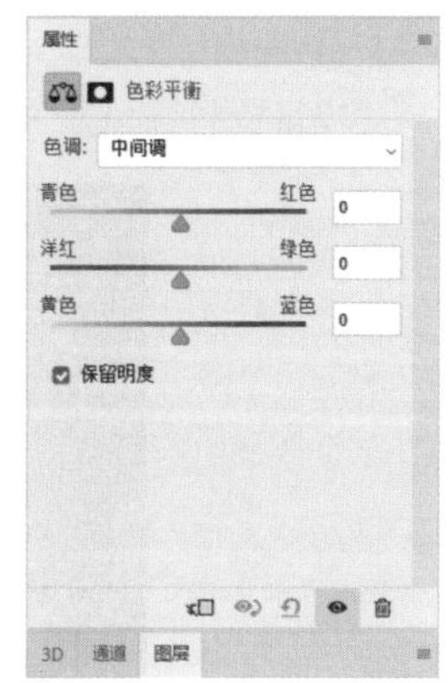

图3-79

【作业】

一位知名旅行博主近期去了高原旅行，拍了一些冰川和雪山的照片，想把照片发布在社交平台。当他回家后查看所拍摄的照片，发现照片的颜色不太好看，有些色彩过于暗淡，有些色彩过于单调。于是他希望你来为照片调色，让这些照片变得更加生动。修图完成后你要将最终的图片发给他确认。确认无误后，他会将该照片发布在社交平台。

项目资料：风景原图如图 3-80 所示。

图3-80

修图要求如下。

（1）使用调整图层，提高素材的饱和度，使图像色彩不再灰暗。

（2）让蓝天和雪山的颜色更纯净，让图片更有表现力。

（3）根据照片的主题和风格进行调整，使图像更加自然。

文件交付要求如下。

（1）文件夹命名为“YYY_风景后期_日期”（YYY 代表你的姓名，日期要包含年、月、日）。

（2）此文件夹包括以下文件：未经任何修改的原图（摄影师提供的图片）、最终效果的 JPG 格式文件，以及 PSD 格式工程文件。

（3）尺寸：913px × 608px。颜色模式：RGB。分辨率：180ppi。

完成时间：1 小时。

【作业评价】

序号	评测内容	评分标准	分值	自评	互评	师评	综合得分
01	画面层次	明暗对比是否强烈； 画面是否透亮； 画面是否有立体感	25				
02	颜色处理	颜色是否厚重饱满； 画面是否具有表现力	20				
03	环境处理	光影过渡是否符合实际； 远景和近景是否有明暗区别	25				
04	软件技术	背景光影是否自然	30				

注：综合得分 =（自评 + 互评 + 师评）/3

项目4

App启动页设计

App启动页（也称“引导页”）是指用户打开App时出现的图片或动画，用于展示品牌、产品或服务，同时也为应用程序加载做准备。启动页通常会展示品牌标志、名称等信息，以便用户识别并建立品牌印象。App启动页几乎可以应用于所有行业的移动应用程序中，如电商类App、社交类App、游戏类App、金融类App等。App启动页的设计需要考虑用户体验和可用性等因素，页面设计通常简单、清晰、易于理解。

本项目将带领读者，从设计师的角度学习从获得需求、分析需求、构思设计方案到进行App启动页设计的全过程，最终做出高质量的App启动页。

【学习目标】

了解图形工具组和图层样式的作用，掌握图形中布尔运算的使用方法、图层样式的基础知识、样式和混合选项的作用，以及图层样式的运用，从而全面掌握使用Photoshop进行App启动页设计的方法。

【学习场景描述】

某培训机构推出了一个“学习方法训练营”项目，专门讲解高效的学习方法，项目里面包含大量的文章、学习教材和教学视频等，学生可以根据兴趣选择课程，每个课程都有老师详细讲解。你们公司的时间管理App的调性与该项目正好符合，因此这个培训机构的负责人找到你们公司，想要在你们的时间管理App上投放一个月的开屏广告来做项目推广。你作为设计师，需要为该培训机构设计一个启动页并放在你们的时间管理App上，引导目标用户点击。最终的设计方案需要给培训机构确认。各方确认无误后，启动页将会被发布在App上。

【任务书】

项目名称

时间管理App启动页设计。

设计资料

课程名称：高效学习方法。

文案：掌握方法，快速进步。

项目要求

（1）启动页需要展示产品的功能和亮点，为了提升用户体验，这里不设计品牌名称，纯粹从需求出发，直接有效地传达理念。

（2）启动页需要在短时间内加载完成，设计要简洁明了，色彩要明快，视觉冲击力要强，能够吸引用户的注意力。

（3）受众群体大多为学生，设计风格要年轻化，设计要素要符合学生的生活习惯，能产生共鸣。

（4）启动页作为引导用户进入广告的界面，需要设计一个按钮，提供简单的操作指引，引导目标用户点击。

（5）呈现平台为 App，整体设计要符合 App 的特点和尺寸。

项目文件制作要求

（1）文件夹命名为“YYY_App 页设计 _ 日期”（YYY 代表你的姓名，日期要包含年、月、日）。

（2）此文件夹包括以下文件：最终效果的 JPG 格式文件和 PSD 格式工程文件。

（3）尺寸：1242px × 2208px。颜色模式：RGB。分辨率：72ppi。

完成时间

2 天。

【任务拆解】

1. 分析需求，构思画面。
2. 用图形工具搭建物体结构，包括显示器、主机、手机、书和耳机元素。
3. 用图层样式设置立体效果。
4. 为画面添加背景。
5. 绘制树叶，丰富画面元素。
6. 添加按钮与文案。

【工作准备】

在进行本项目的制作前，需要掌握以下知识。

1. 图形工具组。
2. 剪贴蒙版。
3. 图层样式。

如果已经掌握相关知识可跳过这部分，开始工作实施。

知识点 1 图形工具组

使用图形工具组中的工具可以绘制出简单的图形，通过布尔运算将简单的图形进行组合就可以绘制出各种复杂的图形。

1. 图形工具组中的工具

图形工具组位于工具箱中，包括【矩形工具】【椭圆工具】【多边形工具】【直线工具】和【自定形状工具】，如图 4-1 所示。

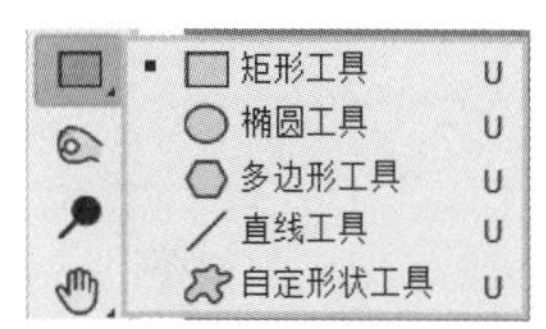

图4-1

这些工具可绘制的图形如图 4-2 所示。

选择不同的图形工具，并按住 Shift 键进行绘制，可以得到正方形、圆形、正多边形和直线等，如图 4-3 所示。

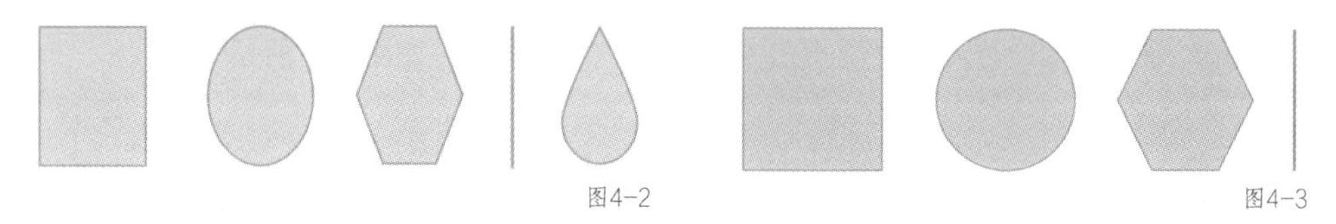

图4-2　图4-3

选择【自定形状工具】后，在属性栏上的【形状】旁单击下拉按钮，在弹出的下拉列表中可以选择更多不同的图形，如图 4-4 所示。

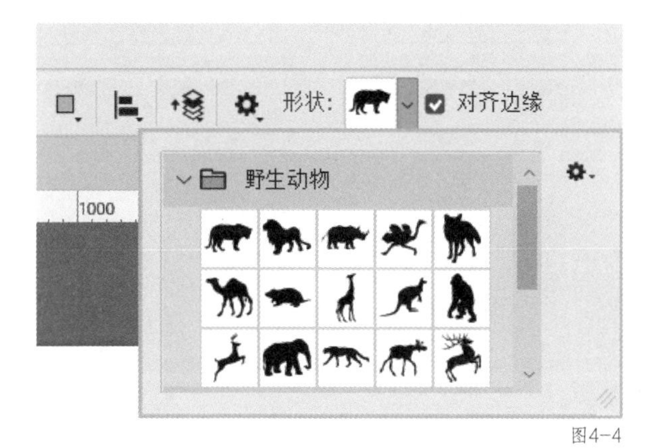

图4-4

2. 布尔运算

在 Photoshop 中，可以通过布尔运算来组合图形。布尔运算是指两个或两个以上的图形进行并集、差集或交集的运算。Photoshop 有 4 种运算方式，分别是合并形状、减去顶层形状、与形状区域相交和排除重叠形状，如图 4-5 所示。

（1）布尔运算选项的位置

在工具箱中选中图形工具、【路径选择工具】【直接选择工具】或【钢笔工具】，都可以在属性栏上找到布尔运算的选项，如图 4-6 所示。

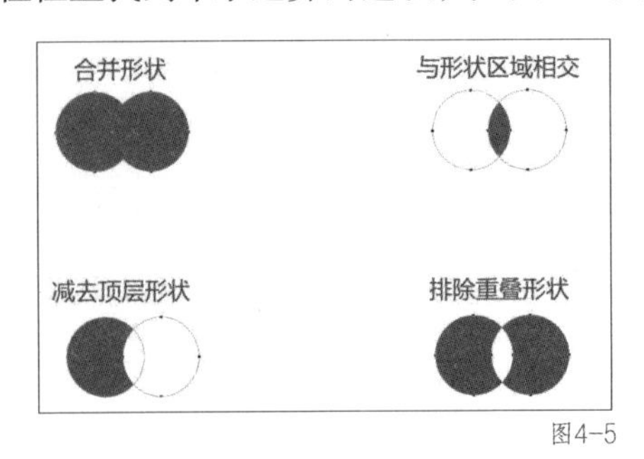

图4-5

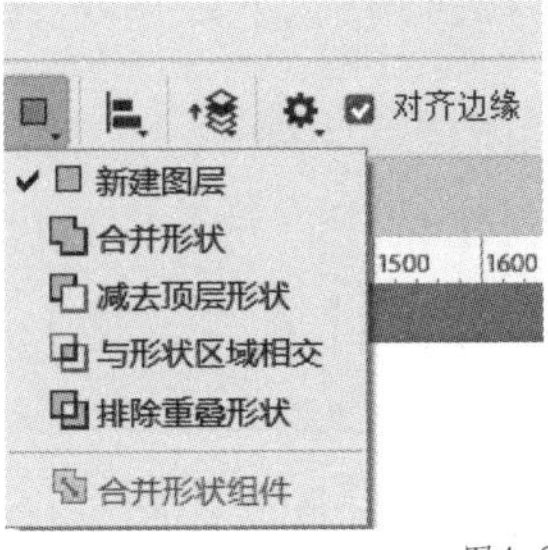

图4-6

（2）布尔运算的使用方法

第一种方法是，两个图形需要在同一个图层中。如果两个图形在不同图层上，可以按 Shift 键选择两个图层，再按快捷键 Ctrl+E 合并图层，如图 4-7 所示。

图4-7

第二种方法是，用【路径选择工具】选中需要进行布尔运算的图形。进行布尔运算的两个图形需要有重叠的部分。用【路径选择工具】选择图形，将该图形移动到另一个图形上，使两个图形重叠，这样就会得到一个新的图形。布尔运算在默认的情况下是【合并形状】，如图 4-8 所示。

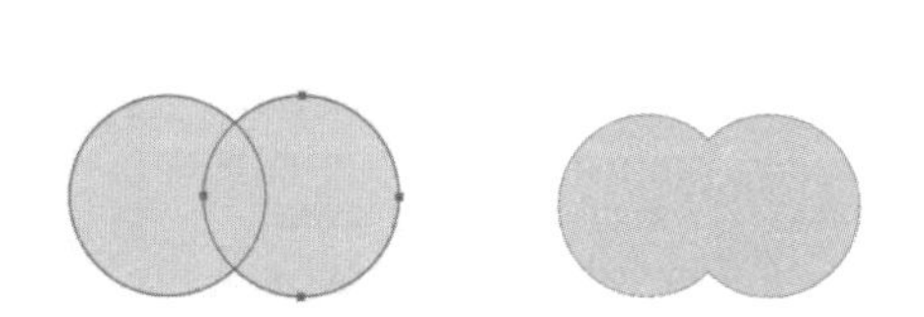
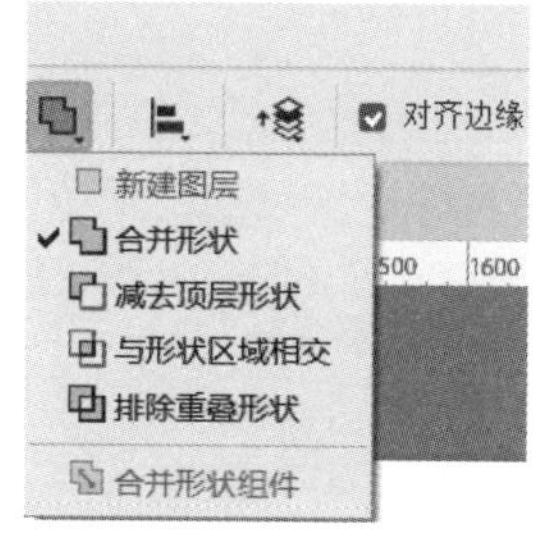

图4-8

合并形状是指两个图形相加得到新图形，如图 4-9 所示。

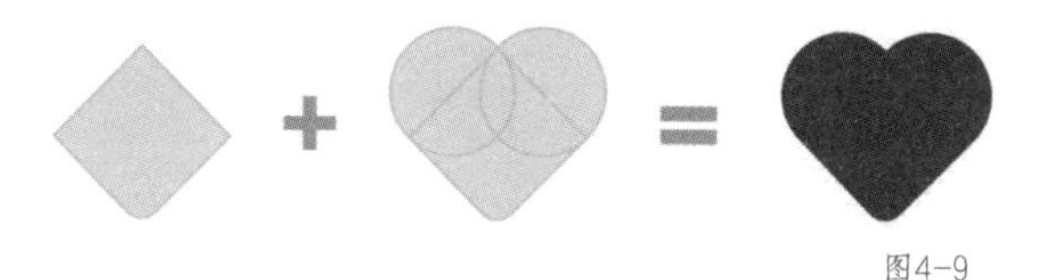

图4-9

第三种方法是，选择布尔运算方式，得到组合图形。

选择最上方的图形，在属性栏上单击【路径操作】按钮，选择布尔运算方式中的【减去顶层形状】，如图 4-10 所示。

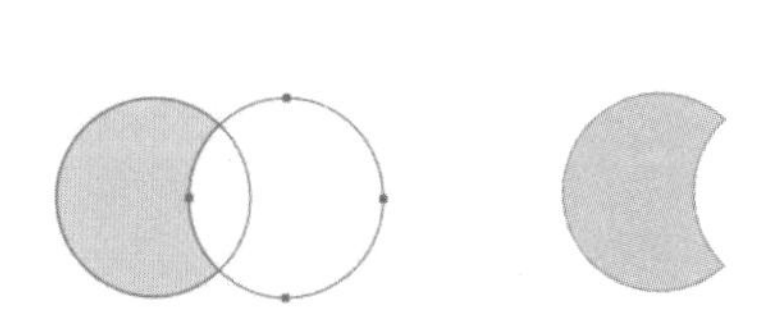
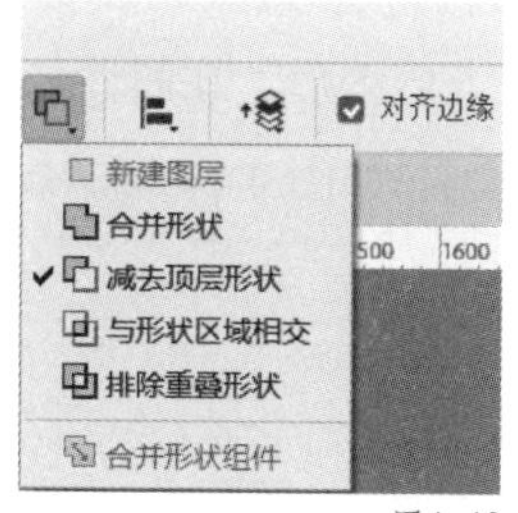

图4-10

放大镜图标中圆环的制作用到了【减去顶层形状】，即大圆减去小圆得到圆环，而手柄的制作则是多次利用矩形和【减去顶层形状】功能来完成，即在大圆角矩形上减去两个小圆角矩形，再利用矩形减去大圆角矩形下半部分，并与另一个圆角矩形组合，如图 4-11 所示。

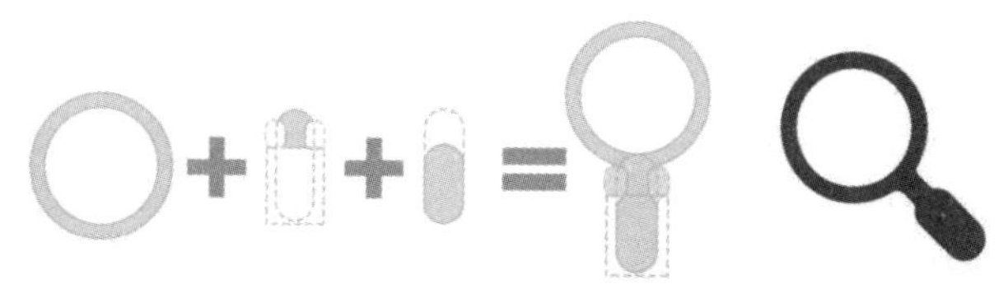

图4-11

选择最上方的图形，在属性栏上单击【路径操作】按钮，选择布尔运算方式中的【与形状区域相交】，如图 4-12 所示。

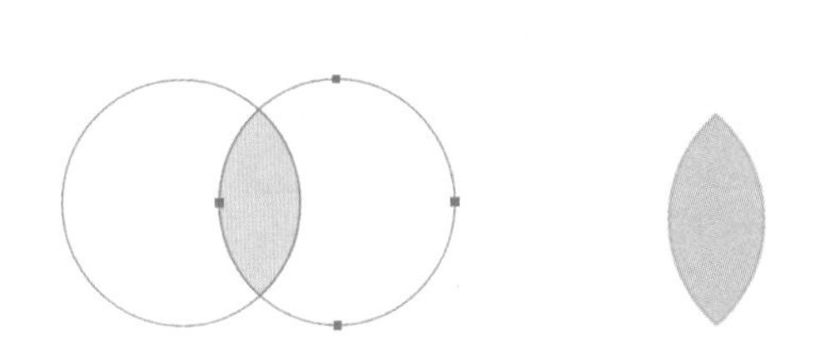

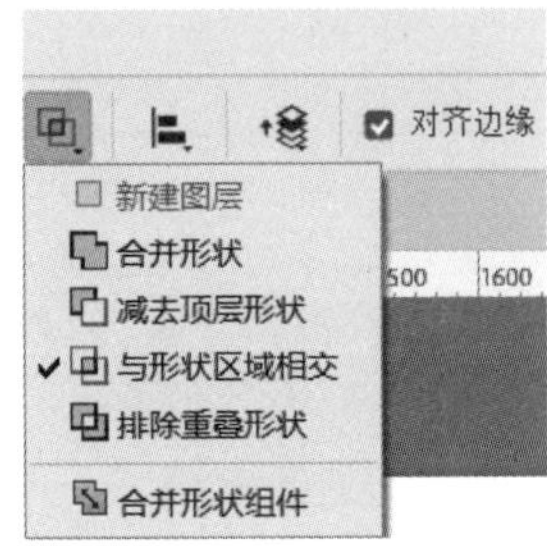

图4-12

信号图标使用了【与形状区域相交】的布尔运算，即使两个图形相交，只显示相交区域，如图 4-13 所示。

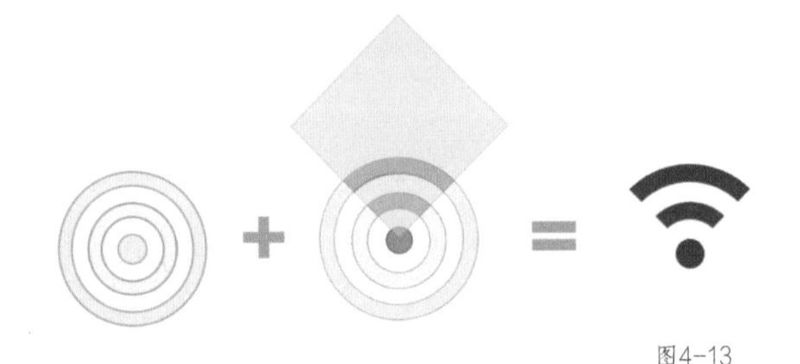

图4-13

选择最上方的图形，在属性栏上单击【路径操作】按钮，选择布尔运算方式中的【排除重叠形状】，如图 4-14 所示。

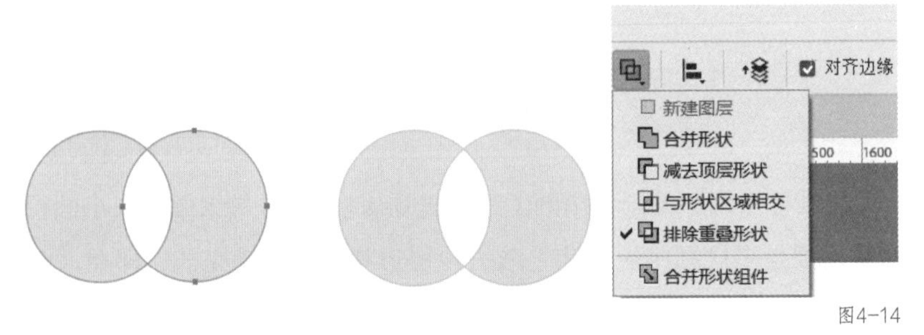

图4-14

排除重叠形状是指只显示两个图形相交区域以外的区域，如图 4-15 所示。

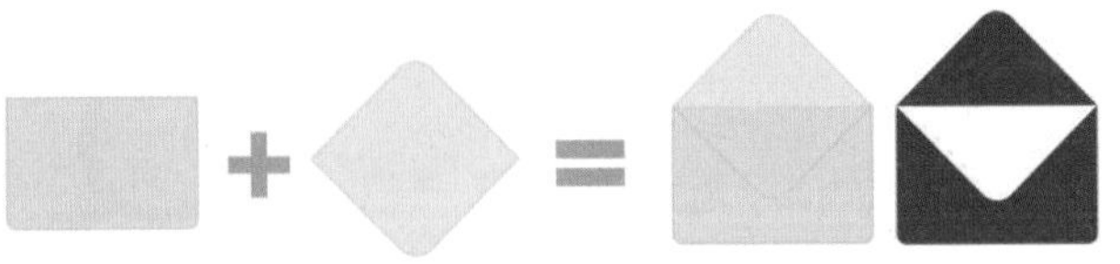

图4-15

提示 用【路径选择工具】选择的图形一定要位于其他图形的上方，这样才能进行布尔运算。如果选择下方的图形来进行布尔运算，会产生难以预料的效果。

知识点 2 剪贴蒙版

在绘制图形时，剪贴蒙版是经常使用的功能。使用剪贴蒙版时，必须有至少两个图层。剪贴蒙版的作用是显示下面图层的形状，显示上面图层的内容，如图 4-16 所示。

图4-16

知识点 3 图层样式

图层样式的特别之处在于它的角度、混合模式及颜色等设置都可能造成最终效果的变化。在制作轻质感图标时经常使用图层样式来表现立体感。

1. 图层样式的概述

图层样式包括投影、外发光、内阴影、描边、渐变、颜色叠加和图案叠加等。投影、外发光、内发光、描边等，作用在图形上，可以进行反复修改，非常方便。应用图层样式制作的图标作品如图 4-17 所示。

图4-17

2. 图层样式的基础知识

在使用图层样式前，需要先了解其使用范围、位置，以及其与内容的关系。

（1）图层样式的使用范围

图层样式通常作用在普通图层上。在普通图层上单击鼠标右键，在弹出的菜单中可以看到【混合选项】，如图 4-18 所示。

图层样式不适用于背景图层和被锁定的图层。在被锁定的图层上单击鼠标右键，弹出的菜单中的【混合选项】是灰色的，表示该选项不可用。在背景图层上单击鼠标右键，弹出的菜单中是没有【混合选项】的，如图 4-19 所示。

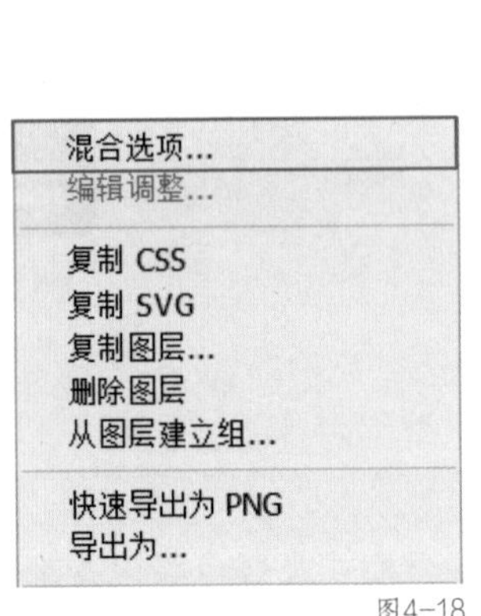

图4-18

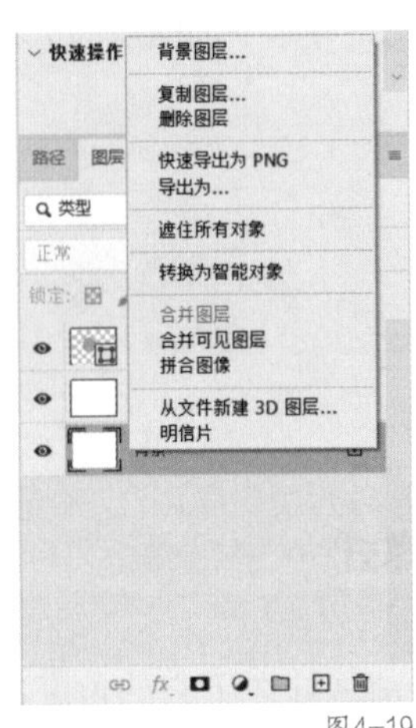

图4-19

（2）图层样式的位置

打开【图层样式】对话框的方式有：双击图层；在图层上单击鼠标右键，在弹出的菜单中选择【混合选项】；单击【图层】面板中的【添加图层样式】按钮；单击【图层】面板右上角的菜单按钮，选择【混合选项】。【图层样式】对话框如图 4-20 所示。

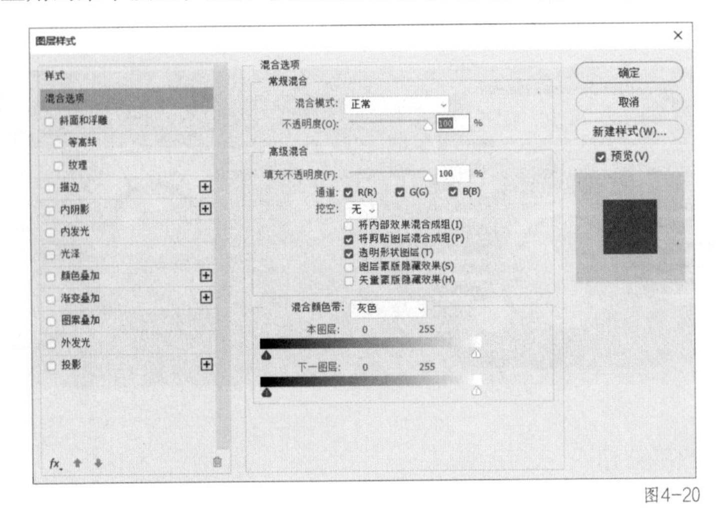

图4-20

（3）图层样式与内容的关系

可以设置图层样式的内容，包括文字、形状、图片等。下面用文字来举例说明图层样式与内容的关系。这里的文字使用了内阴影和投影效果，当更改文字内容时，可以看到图层样式也跟着文字发生变化，如图 4-21 所示。图层样式基于图层内容，无论图层内容怎样改变，图层样式都会跟着图层内容发生改变。

图4-21

3. 图层样式的综合运用

下面以一个石膏球为例，讲解光源作用在物体上所产生的光影效果，如图 4-22 所示。光源在右上方，从右上角至左下角依次为石膏球的亮面、灰面、明暗交界线、反光和投影，这些光影构成了石膏球的立体效果。使用图层样式可以模拟这些光影效果。

图4-22

图层样式的选项可分为 3 类。

第一类作用在物体外部，包括【外发光】【投影】和【外描边】。【外描边】是指描边位置在外部，描边会在物体的外边。

第二类作用在物体内部，包括【内发光】【内阴影】和【内描边】。

第三类作用在物体表面，包括【斜面和浮雕】【光泽】【颜色叠加】【渐变叠加】【图案叠加】。

（1）制作投影和内阴影案例

了解了各图层样式分别作用在物体的哪个位置之后，就可以运用这些图层样式来制作图标了，如图 4-23 所示。

图4-23

制作矩形框的内阴影

在本案例中设置光影的【角度】为【120°】，并取消勾选【使用全局光】选项，如图 4-24 所示。【使用全局光】选项可以统一光源方向，如果勾选该选项，只要改动一个混合选项的光源角度，其他选项的角度就会跟着改变。本案例取消勾选【使用全局光】选项。在为图标添加立体效果时，参数的值不宜过大。光影效果是细微的变化，如果数值太大，会显得非常不自然。

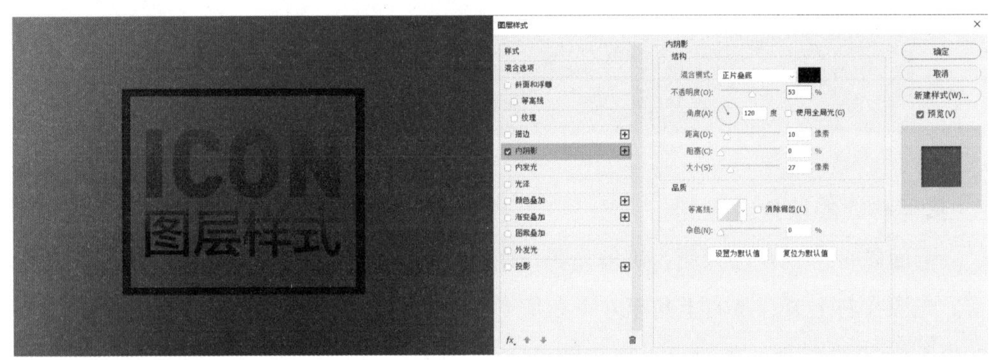

图4-24

制作矩形框的投影

投影的颜色一般是比较深的，在这个案例中，投影将作为高光边缘，而内阴影作为暗面，这样就可以使矩形框产生凹陷感。

投影既然作为高光的边缘，那么【距离】和【大小】的值都要比较小，如图 4-25 所示。如果高光边缘需要表现得比较锐利，可以将【大小】设置为【0 像素】，这样高光边缘看起来就会很清晰。投影的大小可以理解为投影的羽化程度。数值越大，投影的边缘越模糊；数值越小，投影的边缘越清晰。

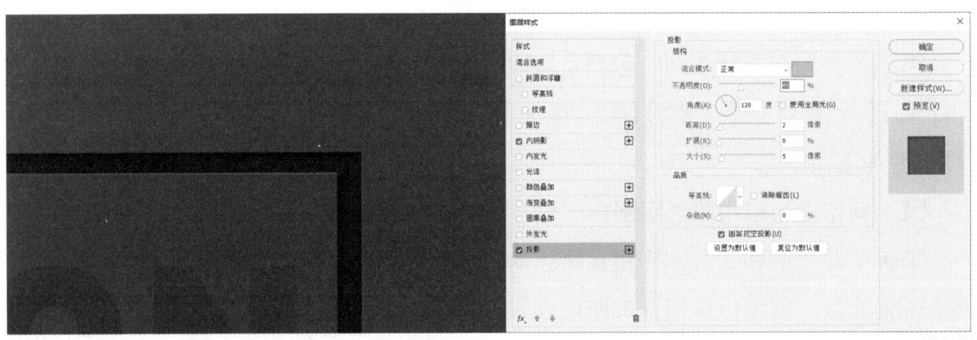

图4-25

复制效果

在【图层】面板上，按住 Alt 键，将效果图标拖曳到其他图层上，就可以在其他图层上应用相同的混合效果。

（2）制作凹面和凸面案例

根据光源方向，运用图层样式来表现物体的凹面和凸面，图 4-26 所示是图标的完成效果。

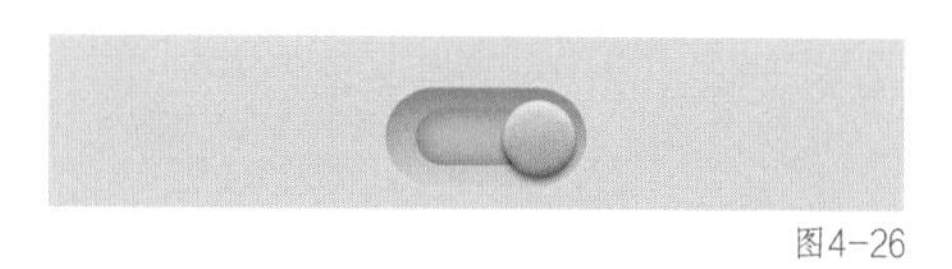

图4-26

如图 4-27 所示，本案例需要为这个图形添加图层样式，让它具有立体感。先来分析一下光源方向，以及作用在物体上的光影。

图4-27

本案例拟定光源在物体的正上方，深灰色椭圆形要表现出凹下去的感觉，而绿色椭圆形则要表现凸起来的感觉。绿色椭圆形完全处于凹陷的位置，所以它的四周应该是比较暗的，凸起来的中间部位会亮一些。圆形按钮是一个凸起来的面，受顶光的照射，顶部是受光面，因此顶部较亮、底部较暗。因为圆形按钮是凸起来的，有立体感，所以它还有投影。分析完成后，下面进行具体的操作。

制作物体的凹面

设置图标由亮到暗或由暗到亮的颜色变化时，最常用的图层样式是【渐变叠加】。

把大圆角矩形的渐变颜色设置为深灰色到浅灰色。在设置渐变颜色时，两个颜色之间的差异不要太大，因为光照在物体上的颜色变化不会有太大的差异。接着用【投影】为大圆角矩形添加一个柔和的高光边缘，再用【内阴影】加深凹下去的感觉，如图 4-28 所示。

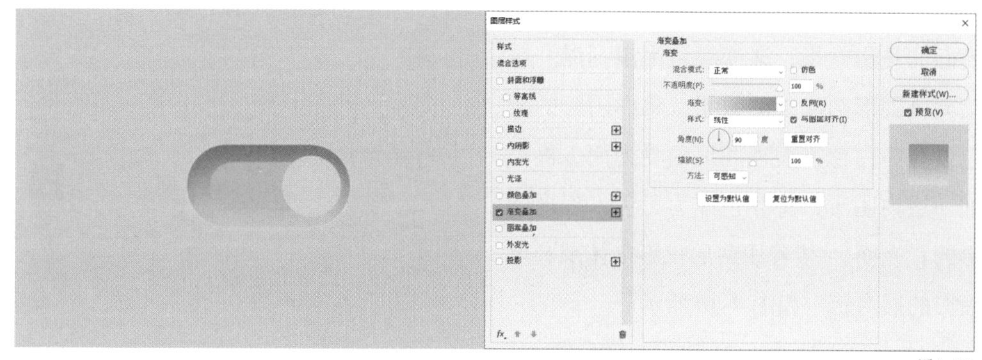

图4-28

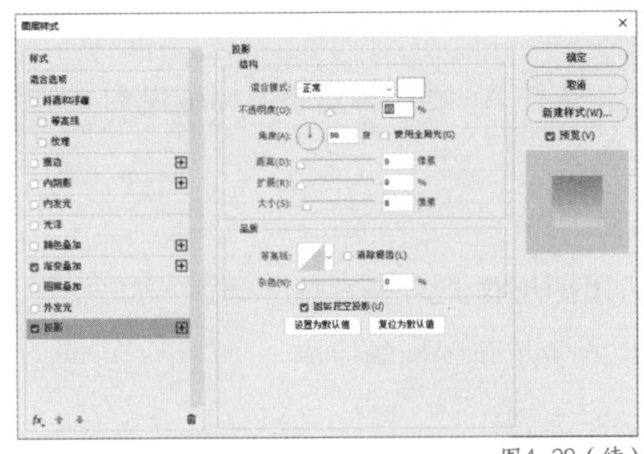

图4-28（续）

提示 如何设置渐变颜色？在设置渐变颜色时可以有一个基础参考，如当前的背景色是偏灰的，那么整体渐变颜色就要比背景色深一些。这样既能表现出图形的立体感，又能使画面更和谐。

制作物体的凸面

选择小圆角矩形，用【内发光】图层样式来制作物体凸起来的效果。在设置内发光的颜色时，可以选择形状原有的绿色，然后在绿色的基础上，在色域范围内选择暗色区域的颜色，但不要选择黑色。接着为小圆角矩形设置一个由深到浅的渐变描边，让它边缘清晰的同时，还得到一个高光边缘，如图 4-29 所示。

制作圆形的立体效果

用【渐变叠加】图层样式来制作圆形表面的光影效果，渐变颜色由浅到深。继续刻画圆形凸起来的效果，将内阴影的颜色设置为白色，表现圆形的受光面。再添加一层内阴影，将颜色改为黑色，表现圆形的背光面。接着用两层投影来体现圆形投影的层次感，如图 4-30 所示。

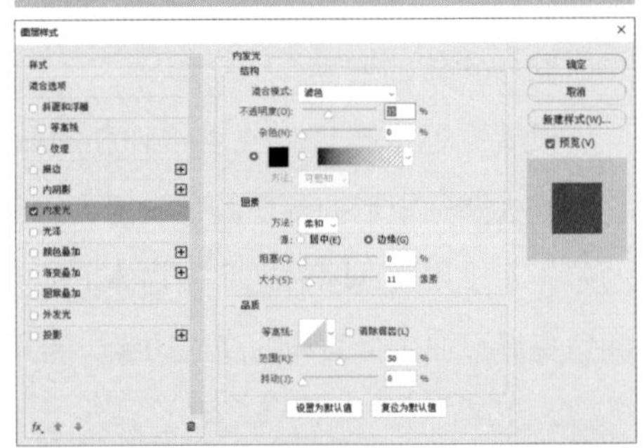

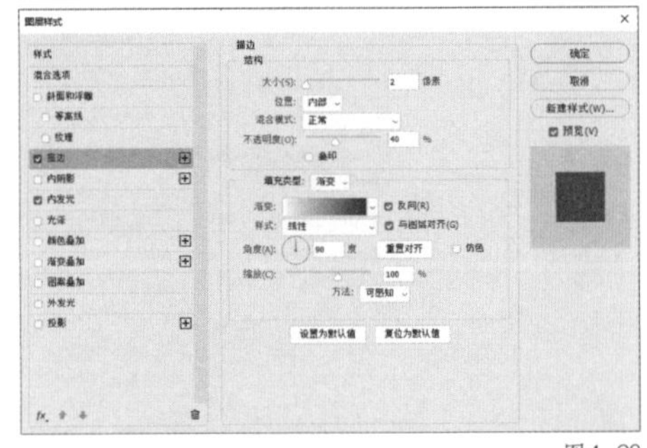

图4-29

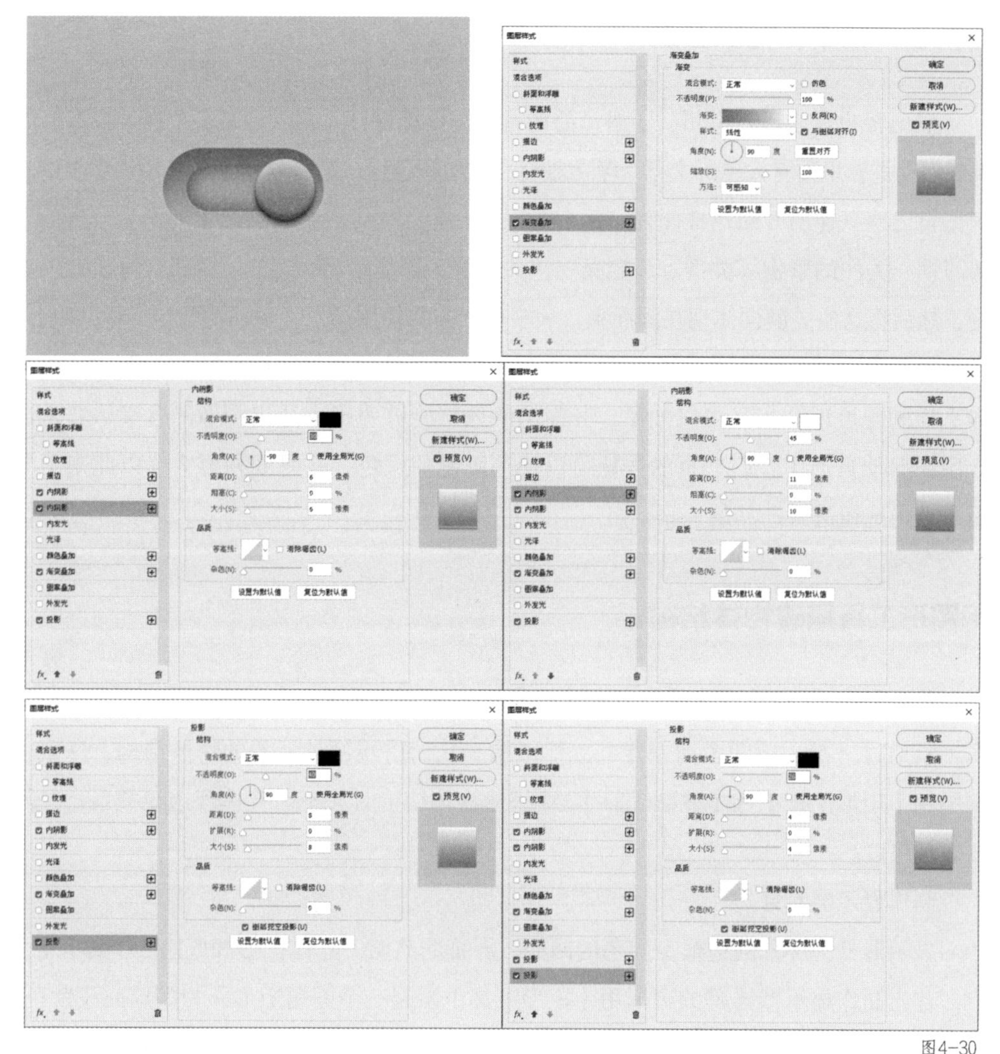

图4-30

至此，本章已经介绍完实现项目所需的主要知识，下面就利用这些知识完成项目吧！

【工作实施和交付】

首先明确客户要求的App启动页的设计目的、风格、尺寸、内容，然后用恰当的工具进行设计，最终交付合格的设计。

分析客户需求，构思画面

根据客户需求进行分析，了解产品的特点，提炼设计元素。这是一个教学类产品的App启动页，里面有大量的文章、学习教材和教学视频等，适合学生学习使用，学生可以根据自己感兴趣的方面选择课程，每个课程都有老师详细讲解。通过了解学生自身的生活习惯、关注的事物等关键点，定义一些关键词，如显示器、主机、手机、耳机、书本等，然后将这些关键词体现在画面上，表现出产品的使用场景，从而使学生产生共鸣。

根据设计元素确定App启动页的表现手法。这里可以采用扁平插画的形式，因为扁平插画既可以写实又可以抽象，其简洁的风格能够明确表达出图像的含义，非常适合用在启动页当中。启动页的按钮可以使用鲜艳的颜色，并且面积要大，以此来引导用户点击按钮进入产品的首页。

用图形工具搭建物体结构

打开Photoshop，新建文件，尺寸设置为1242px × 2208px，分辨率为72ppi。用图形工具通过一深一浅两个面来建立立体结构，从而搭建设计元素的物体结构，这里主要用到【矩形工具】和【椭圆工具】。在搭建物体结构时，不需要体现透视关系，只需要表现厚度。

制作显示器元素

显示器分为屏幕的边框、屏幕的凹面、屏幕的凸面、立体图形和底座5个部分。

首先制作显示器屏幕的边框用【矩形工具】绘制一个圆角矩形，为其填充浅紫色。由于光源在右上方，所以正面颜色浅、侧面颜色深。复制刚刚绘制的圆角矩形，将填充颜色改为深一点的紫色，将深紫色圆角矩形放到浅紫色圆角矩形的下方并水平向左移动，用一深一浅两个重叠的形状来表现物体的厚度，如图4-31所示。

然后制作显示器屏幕的凹面。复制浅紫色圆角矩形，将新矩形由四周向中心缩小并移动到浅紫色矩形的上方。在缩小时需要进行细微的调整，尽可能让其与浅紫色矩形四边的宽度和它们之间圆角的宽度相等，并为其填充深紫色，如图4-32所示。

接着使用剪贴蒙版表现厚度。复制小的深紫色圆角矩形，为其填充白色并水平向左移动。为白色矩形添加一个剪贴蒙版，根据下方的图层来决定上方图层的显示和隐藏部分，从而隐藏白色矩形左侧多余的部分，如图4-33所示。

图 4-31

图 4-32

图 4-33

注意 在复制图层时剪贴蒙版会失效，因此复制后要将其恢复。

接下来制作显示器屏幕的凸面、立体图形和底座。制作方法与凸面的制作方法相同，只需要调整颜色，使颜色分布有变化，如图 4-34 所示。

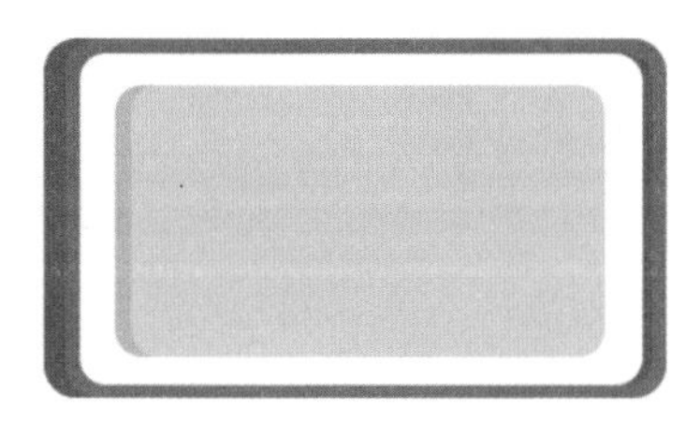

图4-34

注意 为所需要的图层建立组，可以进行快速复制。因此，只需要制作出一个立体图形，另外两个立体图形可以通过复制以及修改得到。

最后调整图层的位置，将底座整体放在显示器整体的下方。这样显示器就做好了，如图 4-35 所示。显示器元素制作完成后，对全部图层进行编组并将图层组命名为“显示器”。

图4-35

制作主机元素

主机分为主体和凹槽两个部分。

主机主体与显示器的制作方法相同，只需要注意颜色的调整。制作主机的凹槽，使用【矩形工具】，分别在主机的正面和侧面绘制 2 个和 6 个长条矩形作为凹槽，让其水平居中分布，如图 4-36 所示。

图4-36

侧面凹槽的截断部分可以使用布尔运算进行制作。绘制 4 个水平方向的长条矩形，让其垂直分布。删除上、下 2 个长条矩形，按快捷键 Ctrl+E 合并中间的 2 个长条矩形和下方的 6 个长条矩形。选择【路径选择工具】，然后选择【减去底层形状】，形成 18 个小矩形，将填充颜色改为深蓝色，如图 4-37 所示。

复制全部的凹槽图层并改变颜色和图层位置，表现出厚度，实现立体效果。最后在右上角绘制一个圆形作为开关，在左下角绘制两个矩形作为插孔，这样主机就绘制好了，如图 4-38 所示。主机元素制作完成后，对全部图层进行编组并将图层组命名为“主机”。

图4-37

图4-38

注意 制作凹槽形状时要注意透视关系。侧面的凹槽，浅色在左侧；正面的凹槽，浅色在右侧。

注意 可以使用标尺拉出一条参考线，使所有图形在同一水平线上。

制作手机元素

手机分为屏幕的凹面、屏幕的凸面、立体图形和手机线 4 个部分。

手机屏幕的凹面、屏幕的凸面和立体图形与显示器的制作方法相同，只需要注意颜色的调整。

对于制作手机线，插头部分使用【矩形工具】绘制。线的部分使用【钢笔工具】绘制水平和垂直的折线，这样手机元素就做好了，如图 4-39 所示。手机元素制作完成后，对全部图层进行编组并将图层组命名为“手机”。

图4-39

制作书元素

书分为主体、封面与封底，以及书页 3 个部分。

首先制作书的主体形状。使用【矩形工具】绘制一个矩形，填充绿色。为了实现书脊圆弧的形状，将矩形右边的上下两个角改为圆角。复制图层、改变颜色并调整图层位置，表现厚度，如图 4-40 所示。

然后，使用布尔运算制作出书的封面和封底。使用【矩形工具】绘制一个矩形，填充白色，并将矩形右边的上下两个角改为圆角。选中白色图层和深绿色图层，将两个图层水平对齐并合并，选择【路径选择工具】以及【减去底层形状】，得到一个“]”形状，表现出封面和封底的厚度，如图 4-41 所示。

图4-40

图4-41

使用【矩形工具】制作书页，将矩形右边的上下两个角改为圆角，这样一本书就做好了，如图 4-42 所示。

之后，对全部图层进行编组并将图层组命名为“书 1”。复制这个图层组，快速制作出第二本书，将名称改为“书 2”。为了使两本书有些变化，调整书的位置、大小和颜色。这样书元素就制作好了，如图 4-43 所示。

图4-42

图4-43

制作耳机元素

耳机分为耳罩和头带两个部分。使用【椭圆工具】制作其中一个耳罩，制作方法与显示器的制作方法相同。然后复制得到另一个耳罩，将其移动到显示器图层的下方，形成遮挡关系，如图 4-44 所示。

图4-44

头带部分使用【矩形工具】【椭圆工

具】和【路径选择工具】进行制作。绘制完成后，发现头带上方的衔接不够自然，为此，使用【矩形工具】在头带上方绘制一个矩形以填补空缺，如图 4-45 所示。

在头带上绘制 3 个圆角矩形作为头带的装饰，这样耳机元素就做好了，如图 4-46 所示。耳机元素制作完成后，对全部图层进行编组并将图层组命名为“耳机”。

图4-45

图4-46

这样我们就用图形工具通过一深一浅两个面建立了物体的立体结构，完成了物体结构的搭建。

用图层样式设置立体效果

使用图层样式中的【渐变叠加】效果，让显示器有从亮到暗的颜色变化，模拟光线照射的效果；使用【描边】效果，为显示器的边缘添加高光线，模拟光线的反射效果，让显示器的边缘更清晰；使用【内阴影】和【投影】效果，让显示器有厚度感和立体感。由于光源在右上方，所以显示器的右上角是受光面、左下角是背光面。

接着，设置显示器屏幕边框的立体效果。为边框添加【渐变叠加】效果，渐变颜色为浅紫色到深紫色，让物体有明暗变化，如图 4-47 所示。

图4-47

添加【描边】效果，【填充类型】设置为【渐变】，渐变颜色为白色到深紫色，让物体的边缘更清晰，如图 4-48 所示。

然后，设置显示器屏幕凸面的立体效果。为屏幕的凸面添加【投影】效果，颜色为深紫色，增大【距离】和【大小】的值，减小【不透明度】的值，让物体有立体感。为了让投影的层次更加丰富，使其有由深到浅的过渡，再添加一个【投影】效果，在刚刚数值的基础上将颜色加深，减小【距离】和【大小】的值，增大【不透明度】的值，增强物体的立体感，如图 4-49 所示。

图4-48

图4-49

添加【描边】效果，让物体的边缘更清晰，如图 4-50 所示。

添加【渐变叠加】效果，调整颜色和方向，让物体有明暗变化，如图 4-51 所示。

图4-50

图4-51

注意 在【渐变叠加】效果的运用中，正面和侧面的颜色渐变应该有所不同，以突出物体的立体感。正面的颜色渐变应该比侧面的颜色渐变更加明显，颜色的变化应该更加鲜明。而侧面的颜色渐变应该更加柔和，颜色的变化应该更加平缓，以模拟出光线的投影效果。同时，由于在光照条件下，物体的侧面通常会受到来自顶部的光线的照射，而底部则会被遮挡，因此侧面的渐变效果应该垂直于顶部的光线方向。

接下来，设置显示器屏幕立体图形的立体效果。为其中一个立体图形的主体添加

【渐变叠加】和【投影】效果，调整颜色和方向，增强物体的立体感。设置完成后，将设置好的效果复制到其他两个立体图形的主体上，如图 4-52 所示。

然后为立体图形中的长条图案添加【渐变叠加】效果，制作亮面。将渐变颜色的两端设置为透明，中间设置为白色，【混合模式】设置为【浅色】，【角度】设置为【0 度】，调整【不透明度】和【缩放】，使物体中间有柔和的变化，立体感就体现出来了，如图 4-53 所示。

图4-52

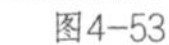

图4-53

添加【投影】效果，调整颜色和方向，增强物体的立体感，如图 4-54 所示。

设置完成后，将设置好的效果复制到其他形状相同的图案上并调整颜色，如图 4-55 所示。

图4-54

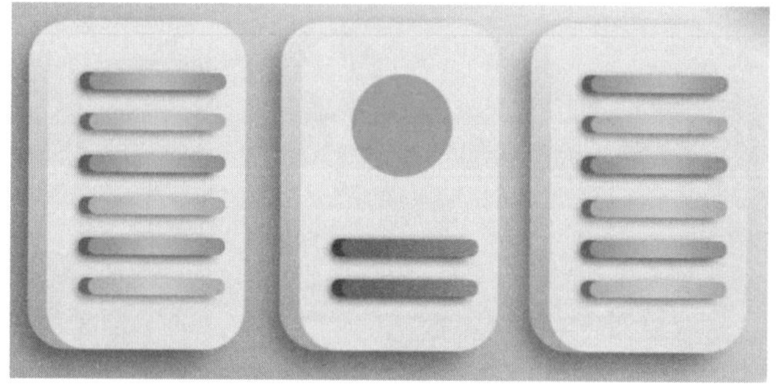

图4-55

注意 物体形状相同时，设置好一个物体的图层样式后，在【图层】面板上，选中样式，按住Alt键并将其拖曳到另一个想要添加相同图层样式的图层上，即可快速复制图层样式。

下一步是为立体图形中的圆形图案添加【内阴影】效果，制作亮面、暗面和反光面。制作亮面：颜色为浅黄色，【混合模式】设置为【滤色】，【角度】设置为右上角，【不透明度】设置为【100%】,【距离】和【大小】分别为【20px】和【30px】，如图 4-56 所示。

制作暗面：颜色为深黄色，【混合模式】设置为【正片叠底】，【角度】设置为左下角,【不透明度】设置【100%】,【距离】和【大小】分别为【8px】和【30px】，如图 4-57 所示。

制作反光面：颜色为浅黄色，【混合模式】设置为【滤色】，【角度】设置左下角，【不透明度】设置为【63%】，【距离】和【大小】分别为【7px】和【9px】，如图 4-58 所示。

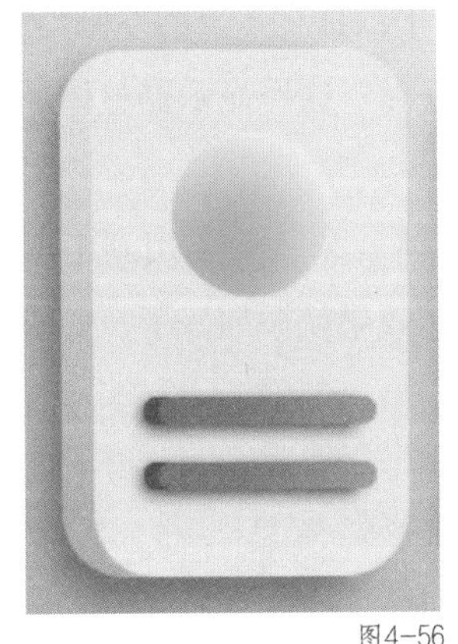

图4-56

图4-57

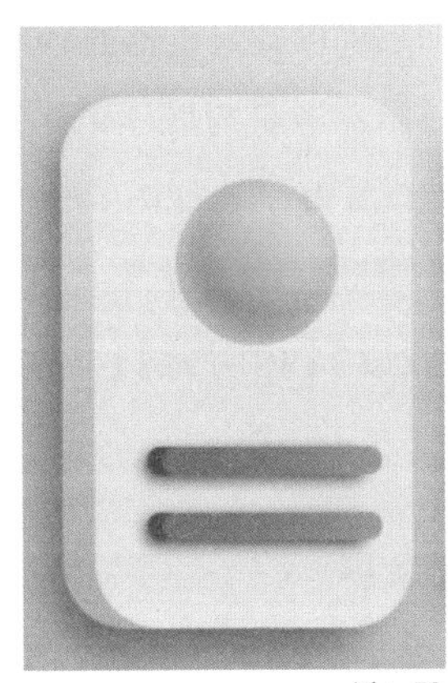

图4-58

添加【投影】效果，这样一个圆球的立体效果就做好了，如图 4-59 所示。

接着设置显示器屏幕凹面的立体效果。为凹面建立剪贴蒙版，使用【画笔工具】涂抹凹面的上侧和右侧，添加投影，如图 4-60 所示。

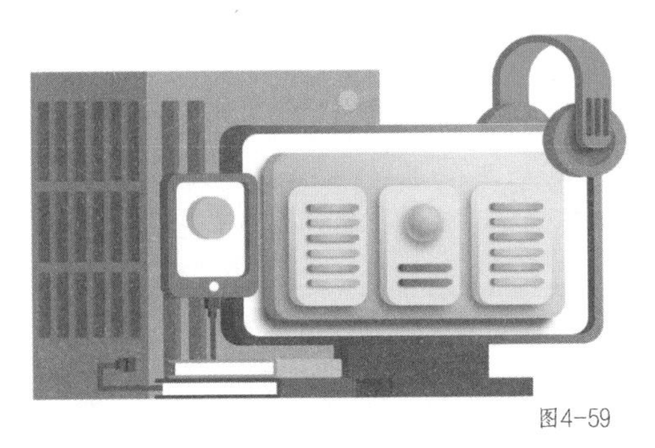

图4-59

图4-60

添加【内阴影】和【描边】效果，增加立体感，如图 4-61 所示。

然后设置显示器底座的立体效果。为底座添加【渐变叠加】和【描边】效果。在添加【描边】效果时，要让白色的高光线在右上角、深色的描边线在左下角，以模拟光线反射，让物体的边缘更清晰，如图 4-62 所示。

图4-61

图4-62

别忘了设置显示器整体的立体效果。使用【画笔工具】涂抹显示器的左侧与下侧，以及显示器屏幕与底座的衔接处，为显示器的整体添加投影。这样显示器整体的立体效果就设置好了，如图 4-63 所示。

使用同样的方法来为手机、书、主机和耳机设置立体效果，主要用到【渐变叠加】【投影】【内阴影】【描边】效果。这样所有物体的立体效果就添加好了，如图 4-64 所示。

图4-63

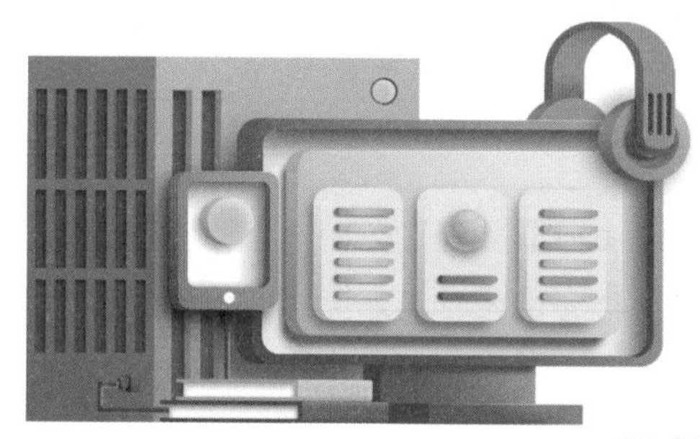

图4-64

注意 怎样设置混合模式？以受光面为例，如果想将受光面变亮，可以选择【滤色】混合模式；如果不需要特别透亮，可以选择【正常】混合模式。以背光面为例，如果想让暗部的颜色更深，可以选择【正片叠底】混合模式；如果不需要特别深，可以选择【正常】混合模式。

为画面添加背景

使用【矩形工具】绘制一个矩形，填充紫色。为了使背景更美观，为其制作一个弧度。使用【钢笔工具】在矩形底边的路径上添加一个锚点，按住 Ctrl 键，将刚添加的锚点向下拖曳，将左边的锚点向上拖曳。将按住 Alt 键切换为【转换角点工具】，拉长锚点的方向线以调整弧度。为了使背景具有层次感，再绘制一个矩形，填充淡紫色，放在紫色图层的下方，这样背景就做好了，如图 4-65 所示。

图4-65

绘制树叶，丰富画面元素

使用【椭圆工具】绘制一个椭圆形，填充浅绿色。选择【钢笔工具】，按住 Alt 键切换为【转换角点工具】，单击最顶端的锚点，去掉左右两边的方向线，形成叶子的尖部。使用【直接选择工具】调整锚点的位置，将底部调宽，使叶子的形状更自然。使用【钢笔工具】在叶片边缘绘制两个三角形，选择【路径选择工具】以及【减去底层形状】，形成叶齿，这样一片树叶就绘制好了。调整旋转角度并将其放在显示器的下方，如图 4-66 所示。

复制绘制好的叶子，按快捷键 Ctrl+T，调整角度、大小和位置，使用【路径选择工具】调整每片叶子的细节，使其具有变化。为中间重叠的叶子添加【投影】效果，使其具有层次感，如图 4-67 所示。

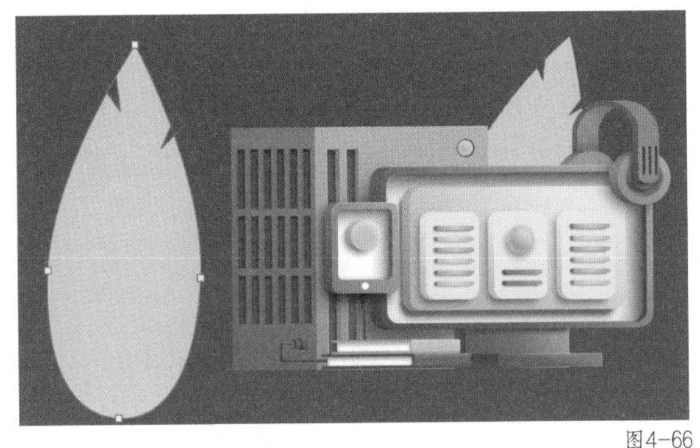

图4-66

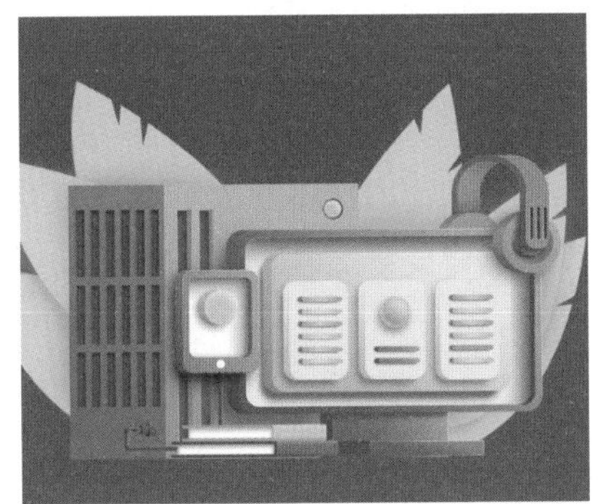

图4-67

添加按钮与文案

使用【矩形工具】绘制圆角矩形，填充红色，然后使用【文字工具】输入客户提供的文案和按钮上的文字，并设置文字的属性。这样 App 启动页就制作好了，如

图 4-68 所示。

设计完成后，将效果图导出为 JPG 格式文件，将最终效果的 JPG 格式文件和 PSD 格式工程文件按照要求格式命名，并放到同一个文件夹，如图 4-69 所示，将文件夹提交给客户。

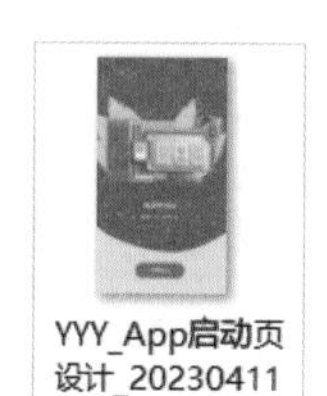

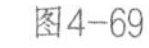

图4-69

图4-68

【拓展知识】

本项目主要讲解的是立体图形设计和制作方法，下面讲解多重复制和线性图标的绘制方法，学会后可以设计平面图形。

知识点 多重复制

多重复制功能非常实用，在绘制图标时经常会用到。下面通过一个案例来讲解多重复制功能的使用方法，如图 4-70 所示。具体操作有些复杂，要用到很多快捷键，初学者需要反复练习才能熟练掌握。

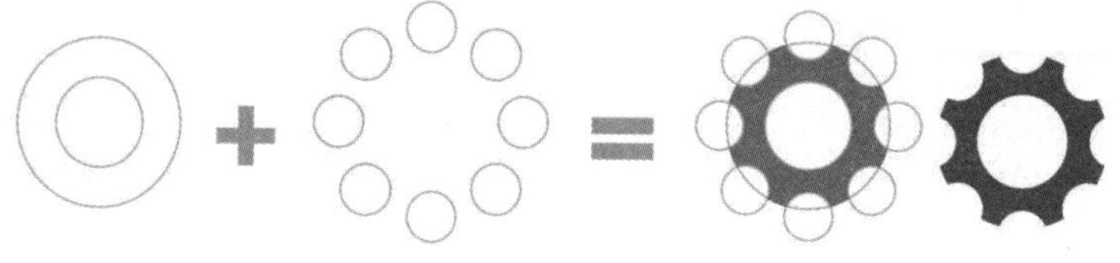

图4-70

第一步，制作圆环。绘制一大一小两个圆形，将其居中对齐，选择小圆，设置【操作路径】为【减去顶层形状】，如图 4-71 所示。

第二步，指定圆心。选择小圆，分别从上方标尺和左边标尺拖曳出参考线，参考线相交于小圆的圆心，如图 4-72 所示。

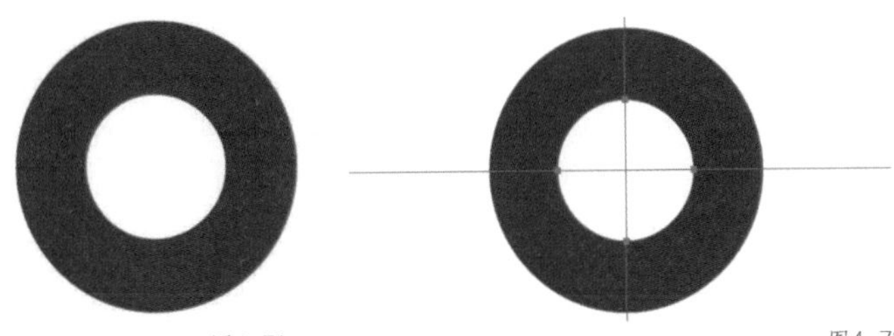

图4-71 图4-72

第三步，多重复制。绘制一个很小的圆，放在大圆上。对这个小圆进行自由变换，将旋转中心定义为圆环中心，并进行旋转。退回上一步操作，按快捷键Ctrl+Alt+Shift+T 即可进行多重复制，如图 4-73 所示。

第四步，布尔运算。合并所有图层，选择 8 个小圆，设置【路径操作】为【减去顶层形状】，如图 4-74 所示。

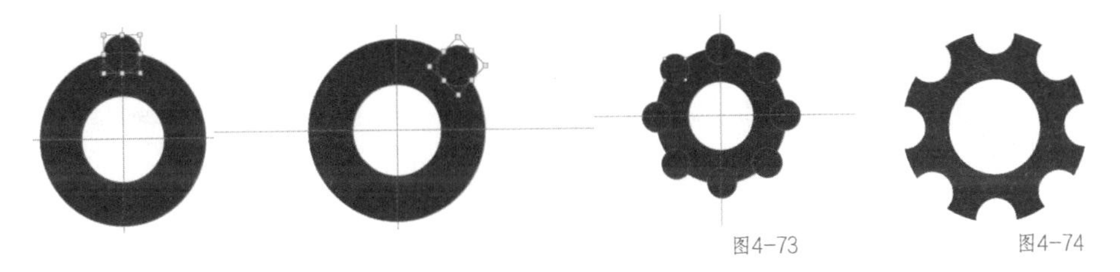

图4-73 图4-74

【作业】

“快乐购”连锁超市推出了一个同名的购物 App。该购物 App 方便快捷，能够减少顾客排队的时间，还便于顾客选择商品和价格比较，受到了越来越多顾客的青睐。为了向顾客展示促销和折扣信息，鼓励购物，提高销售额，该连锁超市的老板想要为 App 添加一个启动页，因此他请你设计一个 App 启动页，展示促销信息。最终的设计方案需要给超市老板确认，之后启动页将会被发布在 App 上。

项目名称：快乐购 App 启动页设计。

设计资料如下。

名称：快乐购。

文案：优质商品，轻松选购，只在快乐购！

项目要求如下。

（1）突出超市的品牌形象，以便用户能够迅速认出品牌并建立品牌印象。

（2）启动页需要在短时间内加载完成，设计要简洁明了，突出重点信息。

（3）颜色的搭配要与品牌形象相符，同时尽可能使用简洁的颜色和色块。

（4）启动页具有一定的可交互性，需要设计一个按钮，引导目标用户点击。

（5）呈现形式为 App，整体设计要符合 App 的特点和尺寸。

文件交付要求如下。

（1）文件夹命名为“YYY_App_启动页设计_日期”（YYY 代表你的姓名，日期要包含年、月、日）。

（2）此文件夹包括以下文件：最终效果的 JPG 格式文件，以及 PSD 格式工程文件。

（3）尺寸：1242px × 2208px。颜色模式：RGB。分辨率：72ppi。

完成时间：2 天。

【作业评价】

序号	评测内容	评分标准	分值	自评	互评	师评	综合得分
01	视觉效果	整体风格是否一致； 色彩搭配是否和谐； 图形和图像是否与品牌相关； 整体设计是否符合品牌形象	40				
02	用户体验	设计是否能够提升用户体验	20				
03	页面引导	交互元素是否清晰易懂； 是否具有明确的操作指引	20				
04	信息传递	是否突出主要信息	20				

注：综合得分 =（自评 + 互评 + 师评）/3

项目5

电商合成海报设计

海报是一种宣传物料，用于向公众展示信息、产品或活动。电商合成海报是指将电商平台上的商品图片、文字、价格等元素，通过设计软件或工具进行合成，制作出的一张具有吸引力和购买导向的海报，这类海报常用于在电商平台、社交媒体等渠道进行商品宣传和推广。电商合成海报通常需要具备清晰明了的商品信息、突出的特色卖点、吸引人的视觉效果等，以促进消费者的购买行为。

本项目将带领读者，从设计师的角度学习从分析设计需求、构思设计方案，以及使用Photoshop完成电商合成海报设计的全过程。

【学习目标】

了解海报的构图、空间和透视关系、色调和创意合成思路等知识，了解蒙版的基础知识，掌握蒙版的操作，从而掌握使用 Photoshop 进行电商合成海报设计的方法。

【学习场景描述】

“芳华”是一个中国的护肤品牌，以“汉韵之美，肌肤同颂”为品牌宣传语，旨在为客户带来纯净、健康的肌肤呵护。该品牌近期推出了一条全新的产品线，包括精华液和面霜。品牌方希望通过电商渠道进行新品宣传，展示产品的特点，吸引潜在消费者的注意力，增加品牌的曝光度。因此品牌方联系你，需要你为该产品设计一张电商合成海报。最终的设计方案需要给品牌方确认，之后，该海报将会被发布在电商平台。

【任务书】

项目名称

国风护肤品电商合成海报设计。

项目素材

共 12 张图，其中 2 张产品图、4 张材质图、6 张配图，如图 5-1 所示。

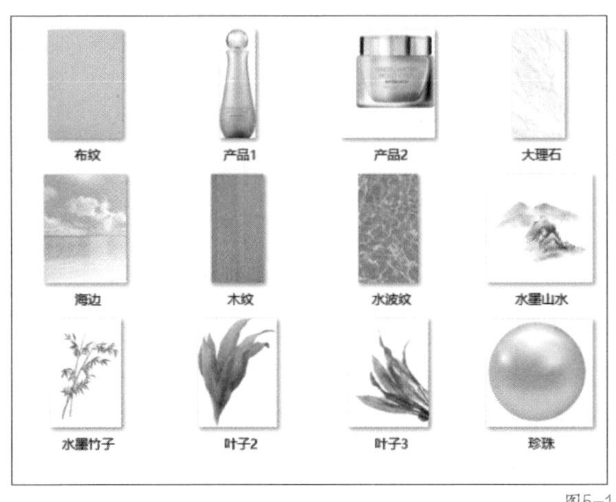

图5-1

项目要求

（1）海报主题要突出国风，符合品牌调性。

（2）在设计中要尽量避免过多的文字，突出产品的形象，能给消费者留下深刻的印象。

（3）海报中能展现出产品的主要卖点，如美白、保湿等。

（4）注重色彩搭配，颜色要典雅，以产品外观的绿色为主色调，融入蓝色和米白色，统一产品与海报的风格。

（5）受众群体大多为女性消费者，海报风格要符合女性的审美和兴趣，突出柔美和细腻。

（6）呈现平台为电商平台，海报的尺寸要适合平台的显示要求，确保海报能够完整显示。

项目文件制作要求

（1）文件夹命名为“YYY_电商合成海报设计_日期”（YYY代表你的姓名，日期要包含年、月、日）。

（2）此文件夹包括的文件：客户提供的素材文件、最终效果的JPG格式文件和PSD格式工程文件。

（3）尺寸：1178px×1867px。颜色模式：RGB。分辨率：300ppi。

完成时间

2天。

【任务拆解】

1. 分析客户要求，转换关键词，确定设计方案。
2. 确定产品图的位置。
3. 用【画笔工具】绘制场景线稿。
4. 用【钢笔工具】填充场景色块。
5. 添加物品的材质。
6. 增加场景的光影细节。
7. 添加场景的装饰素材。

【工作准备】

在进行本项目的制作前，需要掌握以下知识。

1. 构图。
2. 空间和透视关系。
3. 色调。
4. 创意合成思路。
5. 蒙版的基础知识。
6. 蒙版的操作。

如果已经掌握相关知识可跳过这部分，开始工作实施。

知识点 1 构图

近景构图可以突出主体，减少环境干扰，更好地表现主体的细节，使画面具有感染力，如图 5-2 所示。

中景构图既能表现出一定的主体细节，又能将环境因素包含进去，烘托画面气氛，如图 5-3 所示。

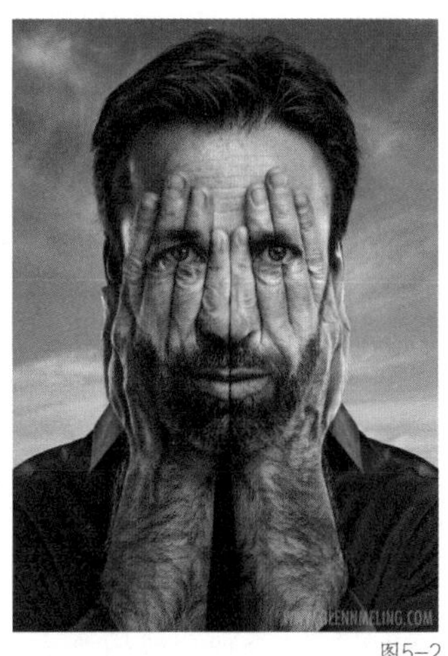

图5-2

图5-3

远景构图容纳了更多的环境因素，适合表现大场景，如图 5-4 所示。

此外，对称构图、三角形构图、三分构图、中心构图等构图方式，在合成作品中的应用也非常广泛，如图 5-5 所示。

图5-4

图5-5

知识点 2 空间和透视关系

在创作合成作品时，一定要注意空间和透视关系。将一个主体放置到一个空间后，需要对主体和空间的关系进行调整，主要可以从远近、虚实、明暗 3 个方面进行调整，这可以让合成作品看起来更加真实。

远近，即近大远小，离得近的物体看起来更大，离得远的物体看起来更小。物体放置在一个空间中，如果把它放在远处，需要把它适当地调小一些。

虚实，即近实远虚，离得近的物体通常看起来更清晰，离得远的物体通常看起来更模糊。将物体放置在一个空间中较远的位置时，通常需要把它调模糊一些；反之，通常需要让它保持清晰。在创作合成作品时，通常会使用近实远虚的方法，让画面的主体物更加突出，让背景弱化。

明暗，一般指的是物体距离近则饱和度和明度高，物体距离远则饱和度和明度低。物体放置在一个空间中较远的位置时，通常需要把它的饱和度和明度调低一些；物体放置在近处时，则要把它的饱和度和明度调高一些。与此同时，还要尽可能保证物体与环境整体的饱和度、明度一致。

为主体选择背景时，一定要选择透视关系一致的场景，否则合成后画面看起来会没有真实感，如图 5-6 所示。与主体透视关系一致的场景如图 5-7 所示。

图5-6

图5-7

知识点 3 色调

由于素材来源不同，所以用于合成的多个素材的色调往往是不统一的。只有将多个素材的色调统一，画面看起来才会真实。此外，当画面中有发光物体时，其必然会影响周围的其他物体，需要对其他物体进行对应的色调处理，图 5-8 所示的案例便运用了合成中的色调知识。画面中用月亮替换灯泡，制作出用手托着月亮的效果，因此月光必然会照亮掌心。为了突出主体，需要加强主体和背景的明暗对比，提高月亮的亮度，将背景压暗。最后用喷溅笔刷绘制一些光斑，渲染氛围。

图5-8

知识点 4 创意合成思路

掌握了合成的技术，还不足以创作出令人惊叹的画面。本知识点主要讲解创意合成的几种典型思路，包括双重曝光、强烈对比、元素嫁接和创造空间。创意合成思路还有很多，读者可在学完本章知识点后继续挖掘。

1. 双重曝光

双重曝光指的是在同一张底片上进行两次曝光，是摄影中的一种技巧，它可以在一个画面中呈现两个图像的叠加效果，视觉冲击力强。在 Photoshop 中，通过图层的混合模式、调色、蒙版等可以实现这样的效果，如图 5-9 所示。

2. 强烈对比

通过对比可以制造出强烈的画面冲突，实现对比的方法也有很多，如大小对比、明暗对比、冷暖对比等，如图 5-10 所示。

图5-9

图5-10

3. 元素嫁接

元素嫁接就是保留物体的外形，并将其替换成别的材质。以图 5-11 为例，酒杯的外形保留，但材质换成了萝卜。

4. 创造空间

在电商设计中，经常会用合成的方法创造出奇特的空间来吸引消费者的注意，如图 5-12 所示。

图5-11

图5-12

知识点 5 蒙版的基础知识

蒙版是一种遮罩工具，可以把不需要显示的图像遮挡起来，在【图层】面板中，蒙版显示为一个“黑白板”，下面通过一个简单的案例来介绍蒙版。

打开两张素材图片，使用【多边形套索工具】基于电脑屏幕创建选区，将森林素材复制并粘贴到电脑屏幕选区中。此时可以看到，森林素材被嵌入电脑屏幕中，同时【图层】面板中出现了“图层 1”，该图层旁边有一个黑白图像，这个黑白图像就是蒙版，蒙版的黑色区域将电脑屏幕以外的森林遮挡住了，如图 5-13 所示。

蒙版可以分为 5 种类型，分别是图层蒙版、快速蒙版、剪贴蒙版、矢量蒙版和混合颜色带。其中，前三种蒙版类型比较常用，将在本节展开讲解。

图5-13

1. 蒙版的工作原理

接下来通过一个小案例来剖析蒙版的工作原理。打开两张素材图片，将云雾素材粘贴到森林素材中。此时在【图层】面板中，云雾素材在上方，森林素材在下方，如图 5-14 所示。

图5-14

选中云雾素材并单击【图层】面板底部的【添加蒙版】按钮，云雾素材所在图层的右侧将生成一个白色蒙版。用黑色画笔在蒙版上涂抹，蒙版上被涂过的地方会变成黑色，黑色区域下层的像素会显示出来，白色区域显示的依然是云雾素材的像素，如图 5-15 所示。因此，在蒙版中，黑色蒙版用于屏蔽当前图层的像素，白色蒙版用于显示当前图层的像素。

图5-15

注意 在【图层】面板中，选中蒙版时，蒙版周围会出现一个框；选中图层时，图层周围会出现一个框。用画笔涂抹蒙版前，要先确认框在蒙版上再进行涂抹，避免涂抹在图层上。

选中蒙版并用画笔在蒙版中涂抹，无论前景色是什么颜色，在蒙版中涂出的都是黑色、白色或灰色。在蒙版上涂抹灰色后，两个图层的像素会混合在一起，所以灰色蒙版可以使当前图层的像素具有半隐半显的效果，如图 5-16 所示。

图5-16

（1）蒙版与像素的显隐关系

总体来说，蒙版上的黑色表示“隐藏”，白色表示“显示”，灰色表示“部分隐藏（半隐半显）”。

（2）蒙版与选区的关系

建立一个选区，然后把它转换成蒙版，可以看到选中的区域在蒙版中是白色的，即显示该区域中的像素。而没有选中的区域在蒙版中显示为黑色，该区域的像素被完全隐藏，显示出下方图层的像素。所以在蒙版中，白色表示全选，黑色表示不选，灰色表示部分选择。

2. 蒙版的作用

蒙版在修图中的使用非常频繁，它可以用于合成多个图像，合成效果不理想时还可以反复修改直至满意；它可以用于创建复杂选区，做选区时可以借用多种绘图工具，如【画笔工具】、【钢笔工具】、选区类工具等。此外，【图层】面板中的调整图层默认带一个蒙版，用于控制调色命令作用的区域，以实现精细的局部色彩调整。

3. 蒙版的三大优势

使用蒙版有三大优势——非破坏性编辑、可用多个工具控制蒙版、可基于通道建立蒙版。

以图 5-17 所示为例，被蒙版遮挡的图片（图层 1）的像素并没有遭到破坏，只是被隐藏。通过蒙版可对图片的显隐随时进行修改，即非破坏性编辑。在操作蒙版时，【画笔工具】、【渐变工具】等多个工具均可发挥作用，即可用多个工具控制蒙版。此外，通道与蒙版结合可以实现高级的合成效果，如将半透明的婚纱从背景中抠选出来等，即可基于通道建立蒙版。

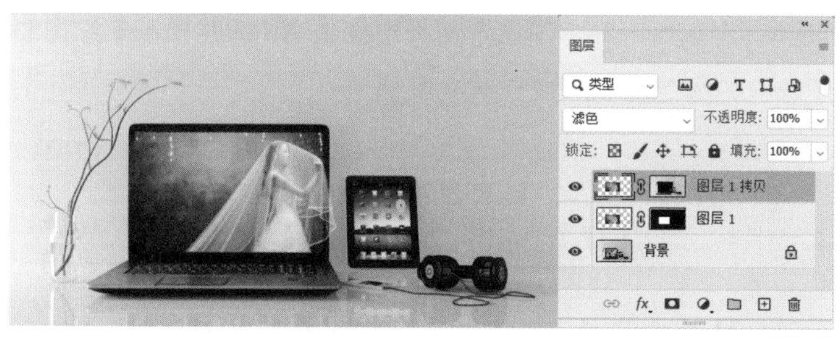

图5-17

知识点 6 蒙版的操作

本知识点主要讲解图层蒙版的基础操作和蒙版的多种使用方法。

1. 图层蒙版

图层蒙版位于【图层】面板，是 5 种蒙版类型中使用率最高的一种，需重点掌握。

（1）图层蒙版的基础操作

建立白色蒙版 / 黑色蒙版

选中图层，执行“图层→图层蒙版→显示全部”命令可建立一个白色蒙版，执行“图层→图层蒙版→隐藏全部”命令可建立一个黑色蒙版。此外，在【图层】面板底部单击【添加蒙版】按钮也可以创建蒙版，如图 5-18 所示。

图5-18

删除蒙版

选中蒙版，执行“图层→图层蒙版→删除”命令可将蒙版删除。在【图层】面板中将蒙版拖曳至【删除】按钮上也可将蒙版删除。

创建基于选区的蒙版

创建一个选区，在【图层】面板中单击【添加蒙版】按钮可创建一个基于选区的白色蒙版。创建一个选区，在【图层】面板中按住 Alt 键并单击【添加蒙版】按钮可创建一个基于选区的黑色蒙版，如图 5-19 所示。

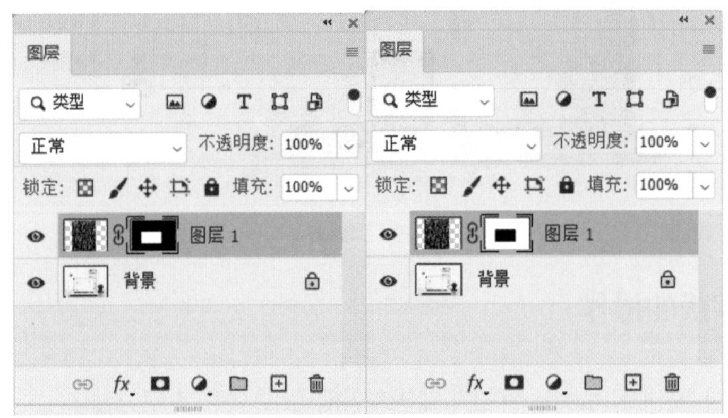

图5-19

停用 / 启用图层蒙版

在图层蒙版上单击鼠标右键，在弹出的菜单中选择【停用图层蒙版】可以暂时关闭蒙版，此时蒙版上会出现一个红色的 ×。蒙版被停用后，在图层蒙版上单击鼠标右键，在弹出的菜单中选择【启用图层蒙版】，如图 5-20 所示，即可恢复蒙版的作用。

对于初次接触蒙版的读者来说，一定要注意在操作蒙版前，先选中蒙版（蒙版周围出现框）。图层蒙版的基础操作需反复练习。

（2）建立图层蒙版的两种方法

建立图层蒙版的方法有两种：一种是“先蒙后选”（先创建蒙版，再选择区域）；另一种是“先选后蒙”（先创建选区，再创建蒙版）。

（3）图层蒙版的常用操作工具

想用蒙版实现遮挡、融合、精细化调整，需要借助多种工具，如选区类工具、【画笔工具】和【渐变工具】等。

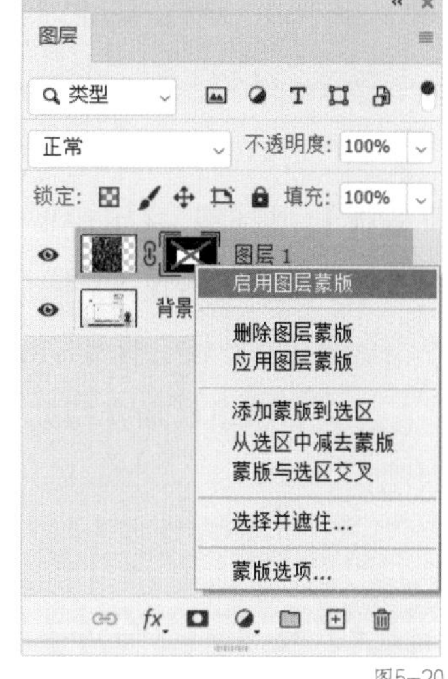

图5-20

选区法

基于选区创建蒙版，即“先选后蒙”。

笔刷法

使用【画笔工具】可以精准地描绘出显示或隐藏的区域，操作方法为使用黑色、灰色或白色画笔在蒙版中涂抹。在使用画笔涂抹时一定要注意选中的是蒙版而非图层。此外，在涂抹时可以根据需求选用不同的画笔笔刷。

渐变法

在图层蒙版中创建渐变（通常是由黑到白），可以让图片快速而自然地融合起来。渐变的起始位置、结束位置和渐变的长度都会影响融合的效果。如果第一次创建渐变的效果不理想，可以尝试多创建几次。

通道法

使用通道可以抠选出半透明的图像，如婚纱、水花、火焰等。用通道创建半透明选区，再将其应用于蒙版可以实现一些“高级”的效果，如婚纱飘出屏幕外的效果。

2. 快速蒙版

快速蒙版位于工具箱下方，如图 5-21 所示，可以用于创建较为复杂的选区。单击快速蒙版按钮（快捷键为 Q）进入快速蒙版状态后，可使用多种绘图类工具、选区类工具对蒙版进行操作，并且选区处于“可见”的状态

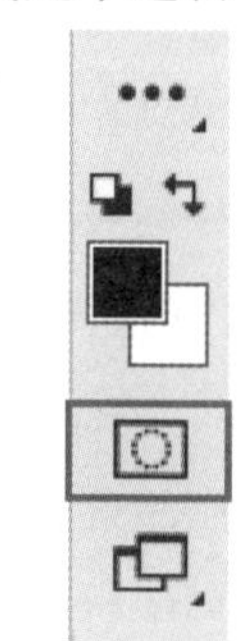
图5-21

（默认显示为半透明的红色）。

3. 剪贴蒙版

创建剪贴蒙版的方式是选中图层后，单击鼠标右键，在弹出的菜单中选择【创建剪贴蒙版】，快捷键为Ctrl+Alt+G，或在两个图层之间按住Alt键并单击。对于上下两个图层来说，上层是内容，下层是"蒙版"，它们共同产生了"剪贴蒙版"的视觉效果。剪贴蒙版直接拿图层中的内容的轮廓作为蒙版形状，非常方便。

至此，本章已经介绍完实现项目所需的主要知识，下面就利用这些知识实现项目吧！

【工作实施和交付】

设计一份电商合成海报，首先要分析客户品牌调性和产品特点，然后在海报中展现产品特点，消费者能切实感受到产品特点。海报设计要注重构图和空间关系，突显产品，做到特点鲜明、画面和谐，最终交付一个满意的结果。

分析客户需求，转换关键词，确定设计方案

了解客户需求后，可以根据主题或者产品提取关键词，包括但不限于这几个方面：卖点、使用环境、产品所含成分、产品外包装颜色，以及产品的气质。

具体到客户产品来说，这是一款主打保湿、美白的护肤品，同时品牌调性是国风，并在产品中融入了传统工艺。我们根据产品的特点，结合抽象词，得到视觉语言：比如保湿可以联想到泡泡；美白可以联想到珍珠；产品的使用环境可以是浴室，通过浴室又可以联想到瓷砖、大理石、水、毛巾、玻璃等；产品所含的成分有牛奶和珍珠，可以在海报中直接体现；这是一个中国品牌，产品自身可能体现出中华传统文化的古朴气质，从而联想到木头、屏风、花窗等。转换视觉语言的好处是，减少文字使用的同时，展现产品特点。

在构思画面布局的时候，首先可以找同类型产品的海报来拓展思路。其次，根据产品素材调整海报结构。当产品是一高一矮的组合时，通常会使用几何体作为产品的展示台。使用几何体的好处是制作方法比较简单，而且适用性强，不限制产品在场景

中的比例。展示台可以是大理石材质和木头材质，结合案几的造型。这样的话，代表古朴的材质和物品就能展现产品的特点，再加上屏风和花窗这些装饰物，更加能衬托产品所在环境的氛围。根据客户要求，产品海报的色调使用产品外包装中的主色——绿色，再加上原木色、白色、蓝色等，衬托产品气质的同时，温和的色调也更吸引女性消费者的目光。最后根据产品特色和受众人群，构建整体框架，锁定所需元素，确定设计方案。

确定产品图位置

根据客户需求，海报需要在电商平台完整展示，所以新建的空白文件要符合电商海报的标准。在 Photoshop 中新建一个宽度为 1178 像素、高度为 1867 像素、分辨率为 144ppi 的文件。然后把一高一矮两个产品图拖入画布。因为这款产品既需要展现主题细节，也需要展现一定的环境来烘托整体画面氛围，所以做成中景构图，将产品图调整到适当的大小，并把产品图放到画面中间的位置，如图 5-22 所示。

图5-22

用【画笔工具】绘制场景线稿

首先，用【画笔工具】绘制线稿图，线稿可以为整张海报提供思路，构建大框架，也方便后期填色和插入材质素材。选择【画笔工具】，选用深色和小笔刷绘制线稿，能让线稿整体看起来更清晰，也方便后期添加细节。

提示 在绘制线稿的时候，注意近大远小的透视关系。在使用画笔绘制线稿图的时候，可以按住 Shift 键辅助画直线。

首先来画产品的展示台。展示台的高度和形状可以与产品的外观相似。较高的圆柱形的产品搭配较高的圆柱形展示台；较矮的、有棱角的产品可以搭配矮一些的方形展示台，突出高低错落的效果。

根据整体的国风海报风格，以及水面、木头、大理石等设计元素，我们选择绘制一个传统风格的凹槽案几，将展示台放置在有水的凹槽中，并画出一个放置案几的石桌。要注意空间和透视关系，保持案几和石桌的角度一致，这样画面才会协调立体，有真实感，也便于接下来填充色块。

在绘制环境素材时，首先要确定场景比例，以便遵循近大远小的透视原则。所以在确定场景在一个房间内后，要先确定场景墙角和顶点的位置。接下来，根据设计方案时联想的、符合产品要素的物品，选择合适的素材填充画面，分别在两边绘制一个中式屏风和一个传统圆窗，如图5-23所示。氛围素材可以丰富场景内容，让场景变得饱满和谐，也能渲染国风的环境氛围，以便更加突出品牌调性。

图5-23

用【钢笔工具】填充场景色块

线稿完成后，就要给设计好的场景填充色块。色块的拼接和颜色的选择能更明确地区分物体之间的位置关系，也方便在之后的操作中为物品添加材质。填充色块需要用到【钢笔工具】和【矩形工具】，选择的颜色要尽量与物品的材质相匹配，并利用深浅颜色的变化来表现物品的受光状态。在填充色块之前，要先确定光源方向，因为绘制的线稿中有窗户，所以就设定光源在窗户所在处的左上方。确定光源能让整个场景的光影效果统一，场景也会变得更加真实。首先填充石桌的色块，使用【钢笔工具】进行勾勒，在属性栏中单击【形状】按钮，可以一边勾线一边拖曳锚点来调整色块的形状到合适的位置。填充颜色时，要始终遵循背光面颜色深、受光面颜色亮的原则。因为石桌的右侧属于背光面，就填充深灰色，而石桌左边就填充较浅的灰色，突出明暗对比，使画面更有立体感。继续将桌面色块画出来，注意要选择同色系的不同颜色，以便区分色块之间的位置关系，如图5-24所示。在绘制案几的侧面时，因为是比较规则的形状，所以可以用【矩形工具】绘制出基本图形后通过拖曳锚点来完成。同样，要用不同深浅的颜色来区分亮面和背面。

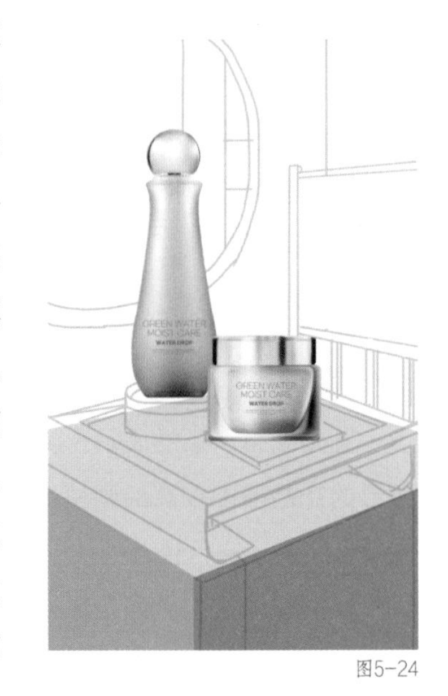

图5-24

提示 在确定画面效果时，可以让线稿图层在产品图下方，这样能更好地观察画面效果。在勾线的时候一定要注意块与块之间的拼接处，不要留有白边。检查时可以降低一下线稿图层的不透明度或隐藏线稿，这样能更好地观察色块之间的衔接是否紧密。

案几是由木制底座和有凹槽的大理石桌面组成，所以在给案几边上色时，选择与原木颜色相近的黄色。背光面的案几腿的形状不规则，直接勾边比较麻烦，这时就可以先勾画整体形状，再减去不需要的部分，从而得到需要的形状。先用【钢笔工具】勾勒出整个外框形状，然后复制图层并变换颜色以便区分两个图层，把复制得到的图层缩小，通过移动锚点来让不相交的部分达到需要的宽度，并调整圆弧形状至两边基本一致。将两个图层合并，用【路径选择工具】选中复制得到的图形，在属性栏中选择【减去顶层形状】，这样内部较小的部分就被减去了。因为是背光面，所以填充色选较深的黄色，案几腿大致的形状就出现了。接着用同样的方法减掉案几腿下方多余的部分，这样就得到了案几腿的形状。用同样的方法绘制出有凹槽的桌面，用【矩形工具】勾勒出桌面并填充为白色，再减去中心的凹槽部分。用【钢笔工具】画出桌腿内部阴影的色块，如图 5-25 所示。

图5-25

提示 每完成一部分色块填充，都可以隐藏线稿来观察色块是否符合透视原则，比例是否失调，随时调整。

接下来填充案几凹槽中水面的部分。在案几桌面加入水元素，“水”符合产品水润的关键词，而且蓝色本身是一种比较典雅的颜色，也能与产品颜色相呼应，让画面更加和谐。复制桌面图层，由四周向中心等比例缩小，填充蓝色，作为水面。另外，做出桌面凹槽的效果。用【矩形工具】绘制深灰色的矩形，让画面显得更加立体，如图 5-26 所示。

图5-26

提示 如果矩形不贴合形状的话，执行“视图→对齐”命令，就可以自由调整矩形的形状了。

然后绘制两个展示台。圆柱展示台选用的材质下面为大理石、上面为木头，所以需要先绘制一个高的圆柱体，在高圆柱体的基础上再分割出一个矮的圆柱体，以便区分和填充不同的材质。用【椭圆工具】绘制圆柱的上下底面，然后用【矩形工具】绘制矩形来连接两个椭圆，并合并图层，得到一个高圆柱体。再复制顶面的椭圆，在高圆柱体中分割出一个矮的圆柱体，选中小矩形和中间的椭圆，为它们填充较深的颜色，如图 5-27 所示。接着为了呈现出产品放置在一个木制凹槽中的效果，还要在圆柱体上做一个下凹效果。复制顶面的椭圆，调整大小，颜色改为红棕色；复制红棕色椭圆，并调整为灰色，改变其位置，和红棕色的椭圆创建剪贴蒙版，把多余的部分隐藏起来，如图 5-28 所示。

图5-27

图5-28

接着给方形展示台、场景墙面和屏风上色。在给墙面上色时，注意选择与产品颜色相呼应的绿色。作为整个海报的主色调，绿色会给人一种典雅、温馨的感觉。注意，光源所造成的阴影位置要用不同深浅的颜色来表示，如图 5-29 所示。

中式圆窗的绘制基于现有的圆窗样式，设计成一半屏风一半窗户。用【椭圆工具】和【减去顶层形状】画出一个圆环以及圆窗的厚度部分，用白色矩形划分出左侧屏风的位置，如图 5-30。圆窗右半边的部分做成一个新的图层，方便之后填充风景素材。最后把窗框和阴影的色块填充完成，隐藏线稿进行整体调整，并把图层编组。这样色块的填充就完成了，如图 5-31 所示。

图5-29

图5-30

图5-31

添加物品的材质

色块填充是为了更好地完成贴材质的工作，添加材质能让场景更加真实，也能更好地渲染国风的氛围。所以，选用合适的材质素材是很重要的。

首先为石桌添加材质。把大理石素材图片拖到石桌色块图层上，根据色块形状建立一个剪贴蒙版，然后添加一个只作用在大理石素材图片上的曲线剪贴蒙版，把曲线压暗，降低明度，做出背光效果。在添加左侧大理石材质时，因为光源在左上方，所以要选中曲线蒙版，用【画笔工具】在光源照射到的亮面进行涂抹提亮。按照这个操作方法为每一个物体都贴上相应的材质，如图 5-32 所示。

图5-32

提示 在进行填充时，要注意透视效果，根据物品的弧度调整素材花纹的走向。此外，还需注意向光面和背光面的明度对比。

为了增强整体的传统文化氛围，可以在石桌上添加一个绿色桌布作为装饰。用【钢笔工具】在石桌上画出被压在案几下的绿色桌布，添加布料素材，改变图层的混合模式为【明度】，降低不透明度。压在案几下的桌布用曲线压暗，而露在外面的桌布用【画笔工具】进行调亮。对于垂下来的桌布，受光源影响，左上部分是更亮的，因此需要添加【渐变】调整图层，设置为从黑色到透明的渐变，做出左上亮、右下暗的效果，如图 5-33 所示。

图5-33

另外，给桌布的两边添加粗细两条金色的装饰线。因为金色的表面比较光滑，会有比较明显的光线变化，所以用【曲线】调整图层把金色线条压暗后，用【画笔工具】画出金色线条的明暗变化效果，这样桌布的装饰花边就绘制完成了。调整前后的效果分别如图 5-34 和图 5-35 所示。

图5-34

图5-35

最后画出桌布在大理石石桌上的阴影。选择桌布图层，执行“图层样式→投影”命令，混合模式选择【正常】，调整角度，让投影落在石桌上，这样能显得桌布更有厚度，增加画面的立体感，如图 5-36 所示。

桌布的效果做完后，接下来就给这个案几的木制部分添加材质。因为案几腿有一个内扣的弧面，所以要用【液化】滤镜中的【向前变形工具】，在内扣的部分进行涂抹，如图 5-37 所示。

提示 涂抹时注意调整画笔的大小、压力，尽量一次完成，这样画面会显得比较自然；多次涂抹会出现水波纹的痕迹，仔细观察会感觉不真实。

接下来依次添加案几的木纹、大理石桌面中间的水波材质素材。为了展现更真实、立体的场景效果，添加材质后都要调整曲线，压暗明度，并根据光的来源提亮物品的反光部分，如图 5-38 所示。

图5-36

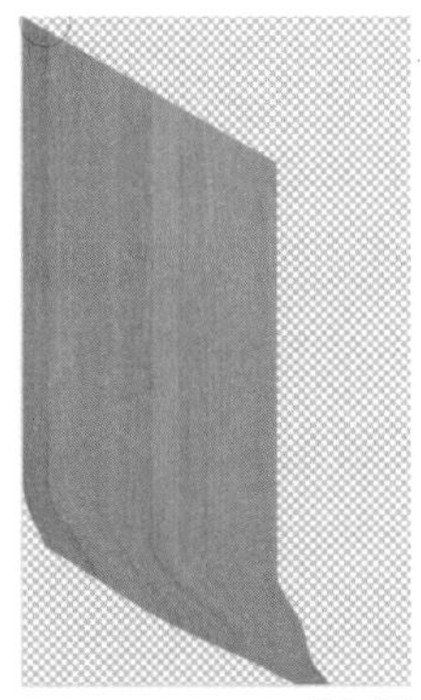
图5-37

图5-38

其中，圆柱展示台表现是凹凸起伏的，为了展现圆柱的立体感，需要用【画笔工具】提亮圆柱中最亮的地方，形成“暗—亮—暗”的效果。调整前后的效果分别如图 5-39 和图 5-40 所示。随即将展示台其余的贴图完成。

图5-39

图5-40

接下来添加屏风的材质。因为屏风是侧对着光源的，所以屏风架上有一道从左上到右下的光。当给屏风添加材质之后，添加一个【曲线】调整图层，使其只作用在屏风上：选中【曲线】调整图层的蒙版，将前景色设置为黑色，执行“编辑→填充”命令，【内容】设置为【前景色】；再将前景色设置为白色，用【画笔工具】涂抹屏风受光照的地方，进行提亮，如图 5-41 和图 5-42 所示。

为屏风添加水墨画效果时，注意体现出水墨画的材质颗粒感。将屏风图层转换成智能对象，然后执行“滤镜→杂色→添加杂色”命令，调整数值，勾选【单色】选项，再把水墨画素材贴到屏风上，将图层混合模式设置为【正片叠底】，使画面看起来真实，再将其设为剪贴蒙版，擦掉多余的部分，如图 5-43 所示。

之后给圆窗也添加上木纹材质，并添加效果。在左侧水墨画部分，先复制矩形并将其缩小，在复制得到的图层上也和刚才一样添加杂色，形成水墨画效果；加入水墨画素材，图层混合模式设为【正片叠底】，降低不透明度。最后在圆窗右侧插入风景素材，因为插入的风景素材环境色较冷，所以可以降低色相和饱和度。这样就为画面中的各个图形画面都添加上了材质，如图 5-44 所示。

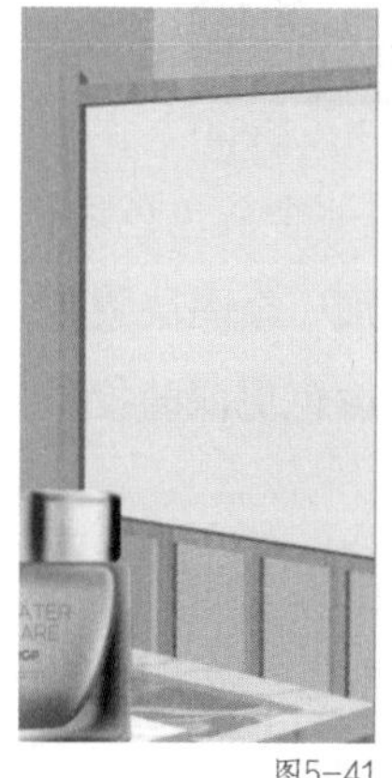
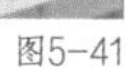
图5-41

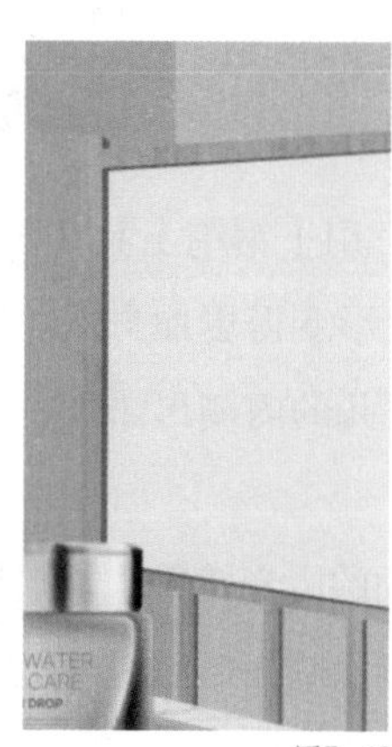

图5-42

图5-43

图5-44

增加场景的光影细节

图5-45

在真实的场景中，不仅有物品受光的明暗变化，也有光照带来的投影效果。下面为场景中的物品添加一些光影细节，使场景更加自然。

首先绘制两个产品的投影，因为光源在左上方，所以产品的投影分别在展示台和案几桌面上。首先制作左边产品的投影。用【椭圆工具】绘制深绿色椭圆，然后在属性栏中选择【形状】选项，调整羽化值，放置在产品下方，如图 5-45 所示。

方形产品距离光源比较远，所以它的投影角度大，从左到右由实到虚。绘制一个椭圆并填充一个从左到右由实色到透明的渐变，同样调整羽化值，并放到产品下方。为了增强投影效果，复制投影图层，做两层投影，做出轻重的变化，体现出从右往左由浅到深的过渡。但是因为这部分投影是有一部分作用在大理石上的，所以在绘制完投影后，要用【画笔工具】提亮大理石部分的投影的颜色。调整前后的效果分别如图 5-46 和图 5-47 所示。另外，方形产品的左侧是超过展示台的，所以要在左侧做一个向下的投影。

图5-46

图5-47

接下来绘制案几左侧在大理石桌上的阴影。用【钢笔工具】填充一个灰色色块作为案几在大理石桌上的投影，调整羽化值，让投影变得更加自然。添加一个图层蒙版，做一个由深灰到透明的渐变效果，同时在靠近案几的内侧再添加一层颜色更深的投影，如图 5-48 所示。

因为案几的外侧是弧形的，所以要添加这一面的受光效果，即弧形弯曲处的暗面和大理石作用在木头上的反光面。利用【钢笔工具】画出暗面形状，填充原木色，做出只作用在案几外侧的阴影效果。同理，画出一个靠近石桌的反光面，如图 5-49 所示。

图5-48

图5-49

案几下方的绘制会涉及在两种材质投影上的，一种是在木纹上的投影，另一种是在桌布上的投影，所以投影会有深浅的变化。选中【钢笔工具】，在属性栏中选择【路径】，然后勾出投影的外形，将其转化为选区，压暗曲线，得到一个具有深浅变化的投影。投影的变化特点是越接近自己的投影，其边缘越清晰，离自己越远的投影，其边缘越模糊，并且案几下方还会有光照进来，那么桌布的阴影也会有一些深浅变化。选择【画笔工具】，选中【曲线】调整图层的蒙版，在透光的地方用画笔进行涂抹，再用【模糊工具】去涂抹投影边缘，然后在后面的边缘多涂抹几次，这样能达到阴影"越远越模糊"的效果，如图 5-50 所示。

另外，因为光源在左上方，所以在屏风上面会有左侧较高产品的投影，跟刚才制作案几下方的投影的方法一样，也是用【钢笔工具】勾出适当的投影形状，然后进行效果调整。同时，在墙面上也会有屏风的投影，注意要做出屏风与墙之间有些距离的立体感，如图 5-51 所示。使用【套索工具】在屏风下方勾勒出投影形状，调整投影效果，把这个【曲线】调整图层放到屏风的下面。

因为圆窗在墙上受到光线照射，在墙上也会有窗框投影，所以在图层样式中选择【投影】，做出窗框在墙上的投影。

在窗框内侧图层上面新建一个空白图层，图层混合模式选择【正片叠底】，用【画笔工具】吸取窗框的颜色，画出窗户栏杆在窗框内侧的投影效果，靠近边缘的地方投影颜色会更浅，可以选择【橡皮擦工具】并调低不透明度后进行涂抹，越靠近边缘的地方投影越淡，如图 5-52 所示。

图5-50

图5-51

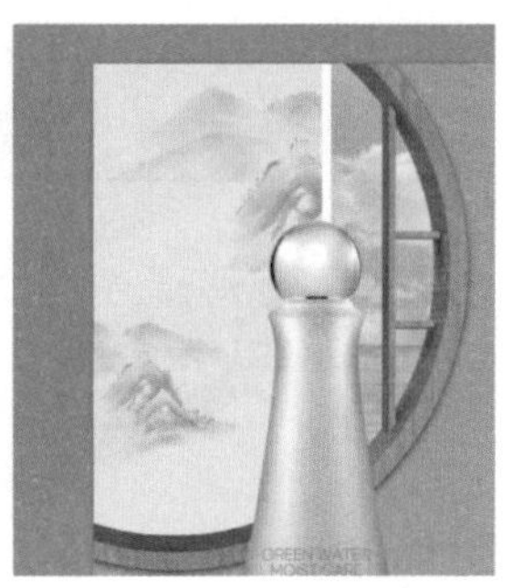

图5-52

调整墙面的明暗变化，越靠近石桌，墙面的颜色就越深。同时左侧墙面因为背光，颜色也会深于右侧墙面。选择对应的图层，利用曲线进行压暗，选择【渐变工具】，颜色设为从深灰色到透明，将左侧墙面做出从上到下由浅到深的效果。利用【钢笔工具】做出屏风在左侧墙面上的投影效果。利用【套索工具】做出天花板的投影，如图 5-53 所示。

图 5-53

给大理石桌面侧边做出深浅变化，靠近窗户的地方会亮一些，亮的地方用【画笔工具】进行涂抹。调整前后的效果分别如图 5-54 和图 5-55 所示。

图5-54

图5-55

接着为场景物品的边角添加高光线，使转角的地方变得柔和一些，不那么尖锐。以石桌为例，用【矩形工具】画一个矩形，用【直接选择工具】将两端的锚点移动到适当位置，填充白色并在【形状属性】中调整羽化值，之后在其他大理石材质的边缘也都绘制上高光线，如图 5-56 所示。特别注意，布纹的高光边需要放在金色花边图层的下边。

另外，还要在案几的大理石材质和木质材质衔接处做一个接缝效果，接缝效果其实与案几和大理石桌面相接处的原理一样，靠近大理石的部分有一条木色的阴影线，靠近木桌的地方有一条白色的阴影线。使用【矩形工具】绘制两个矩形作为接缝，填充色是上深下浅两个颜色，木色矩形图层混合模式选择【正片叠底】，降低白色矩形图层的不透明度，这样就做好了案几的两条接缝，如图 5-57 所示。

图5-56

图5-57

【矩形工具】适合用来绘制规则的形状，像案几腿上的有弧度的高光线，可以用【钢笔工具】的【形状】模式来绘制，【填充】设置为【无】、描边加粗，并调整羽化值，以此来绘制不规则形状的线条。因为高光和投影是一对反效果，所以靠近投影的高光线会逐渐变暗，可以用【画笔工具】通过擦拭来展现出高光线亮转暗的效果，如图 5-58 所示。另外，也可以用【画笔工具】给案几和石桌中间绘制一个较深的阴影效果，如图 5-59 所示。

图5-58

图5-59

接着为圆窗增加高光线，可以利用原有的色块通过删减形状、修改参数设置来达到想要的效果。选中窗框图层并复制，去除复制得到的图层的效果，使用【路径选择工具】选择外框，改为合并形状，删掉外框的圆，得到里面的圆形，设为无填充、白色描边并调整羽化值，移动图层到圆窗上方，这样圆窗的高光边就显现出来了。与之前对其他物品进行的操作一样，给木栏杆也添加上高光边，如图 5-60 所示。

最后调整案几桌面以及水上的光影效果。产品的展示台是放在水面上的，展示台侧面上会有波浪的起伏，产品在水中会有倒影。首先做出展示台和凹槽侧面的波浪起伏，展现出水灵动的状态，其实就是利用蒙版擦去一部分物品边缘，使其像是被水覆盖起来一样。选中圆柱展示台，添加图层蒙版，用【画笔工具】沿展示台底部擦去一部分，注意起伏不要太大。方形展示台以及桌面凹槽的侧边也需要调整一下，画出展示台和凹槽边缘在水面上的阴影。用【套索工具】沿着刚才画的水面边缘勾勒出展示台和凹槽侧面的投影，之后建立一个【曲线】调整图层并压暗选中部分，做出阴影效果。这样海报的光影部分就完成了，如图 5-61 所示。

图5-60

图5-61

提示 按住Shift键可以添加选区，按住Alt键可以减掉选区。

添加场景的装饰素材

最后可以添加一些装饰素材来渲染整个场景的氛围。珍珠代表这款护肤产品的美白效果，同时也能带来古朴感。而绿色植物代表产品的天然草本配方，同时呼应产品的外观颜色，丰富整个画面。

先把珍珠素材插入画布，如图 5-62 所示。观察素材发现珍珠的光源和海报的光源不一致，所以需要调整珍珠的光源。将【曲线】调整图层的蒙版填充为黑色，降低珍珠的整体明度，再用【画笔工具】提亮珍珠的反光点，如图 5-63 所示。珍珠在场景中是存在光影作用的，需要根据光源位置，用【椭圆工具】画出珍珠在绿色桌布上的投影，填充由深色到透明的渐变效果，如图 5-64 所示。复制珍珠图层组，做出桌面上散落着不同大小的珍珠的画面。

图5-62

图5-63

图5-64

最后在画面前方添加绿色的植物，使画面更有纵深感。插入绿色植物素材，将其转换成智能对象，执行“滤镜→模糊→高阶模糊”命令，让画面有视觉模糊感，做出焦点集中在产品上的感觉。在压低叶子明度的同时，因为叶子上半部分是受光的，所以还要用【画笔工具】进行提亮。同样，添加另一个植物素材，重复之前的操作步骤，做到左右基本对称、画面平衡的程度。一张电商合成海报就完成了，如图 5-65 所示。

图5-65

将客户提供的素材文件、JPG 格式电商合成海报效果图以及 PSD 格式工程文件，放到同一个文件夹里并最终提交给客户，如图 5-66 所示。

素材

YYY_电商合成海报工程文件_日期

YYY_电商合成海报效果图_日期

YYY_电商合成海报设计_日期

图5-66

【作业】

“甜派”是一个做水果派甜点的国产品牌，为了迎合消费者对健康食品的需求，吸引更多消费者的关注，现推出一款低脂健康的蓝莓水果派，选用上等蓝莓和优质面粉为原材料，不含任何添加剂，口感香甜，而且低脂低热量，非常适合注重健康饮食的消费者。为了让更多消费者了解蓝莓对身体的好处，促进消费者养成低糖健康的生活习惯，同时增加品牌的曝光度，“甜派”需要在其电商平台放一张海报做宣传。因此品牌方联系你，需要你为其设计一张电商合成海报。最终的设计方案需要给品牌方确认，之后，该海报将会被发布在电商平台。

项目名称：蓝莓派合成海报设计。

项目要求如下。

（1）突出低脂健康的特点，同时展示蓝莓水果派的美味和独特性。

（2）以清新自然的颜色为主色调，突出水果派的特点。可以适当加入一些其他颜色，增加海报的亮点和活力。

（3）以蓝莓水果派的图片为主要内容，突出产品的美观性和食欲感。在图片周围放置低脂健康的文字，强调产品的特点。

（4）呈现平台为电商平台，所以海报的尺寸要适合平台的显示要求，确保海报能够完整显示。

素材如下。

共 5 张图，1 张产品图、4 张配图，如图 5-67 所示

图5-67

文件交付要求如下。

（1）文件夹命名为“YYY_ 电商合成海报设计 _ 日期”（YYY 代表你的姓名，日期要包含年、月、日）。

（2）此文件夹包括以下文件：最终效果的 JPG 格式文件和 PSD 格式工程文件。

（3）尺寸：1920px × 700px。颜色模式：RGB。分辨率：300ppi。

完成时间：2 天。

【作业评价】

序号	评测内容	评分标准	分值	自评	师评	综合得分
1	视觉效果	颜色搭配是否合理； 图片设计能否吸引眼球； 整体排版是否简洁、美观	25 分			
2	信息传递	是否能够清晰地传达产品的特点、优势等关键信息； 是否能够激发目标受众的兴趣	25 分			
3	品牌形象	是否符合品牌的风格和定位； 能否为品牌带来更多的曝光和认知度	25 分			
4	文件提交	是否符合提交说明的要求	25 分			

注：综合得分 =（自评 + 互评 + 师评）/3

项目 6

产品详情页设计

产品详情页是电商平台或网站上用来展示具体产品信息的页面，包括该产品的图片、规格、价格、评论等详细信息。它的作用是为潜在买家提供更全面、准确、直观的产品信息，帮助他们做出购买决策。我们在电商平台点击某个产品时就会跳转至产品详情页，也可以通过搜索引擎等途径直接进入产品详情页。在电商平台、社交媒体、品牌官网等各种应用场景中，产品详情页都是展示产品的重要方式之一。详情页的构图和版式不需要很复杂，干净整齐的画面更利于视觉表达，使用户能够更快捷地获取有用信息。

本项目将带领读者学会产品详情页设计的基本知识和方法，从而设计出高质量的作品。

【学习目标】

了解常见的详情页设计形式、首屏设计方法和文字设计基础知识，掌握使用 Photoshop 设计详情页的方法。

【学习场景描述】

一家知名的吹风机公司在技术和研发方面有了新的突破和进步，进行了核心产品的全新升级。该公司为了让消费者了解吹风机产品的新特点和优势，并提高品牌在市场中的竞争力，计划设计一个产品详情页。该公司的负责人联系你，希望你制作一个吹风机的详情页来提升品牌的知名度和美誉度，并促进吹风机产品的销售。在设计完成后，你将向公司负责人发送最终设计方案以进行确认，确保符合其期望和要求。之后，该详情页将按照设计方案上线。

【任务书】

项目名称

吹风机产品详情页设计。

项目资料

产品名称：智能恒温电吹风。

介绍信息如下。

优雅姿态 · 值得宠爱——55℃恒温护发、大风量速干、抚平毛躁、360° 磁吸风嘴、NTC 智能控温。

全新升级，四大卓越功能，给用户带来全新的体验——轻松携带、大风速干、恒温控制、低噪运行。

千万负离子护发，告别发质干枯——大于 5000 万 ions/m^3 负离子量，无须担心发质干枯受损。

素材

共 10 张图片，其中包括 1 张产品图、1 张产品背景图、8 张配图，如图 6-1 所示。

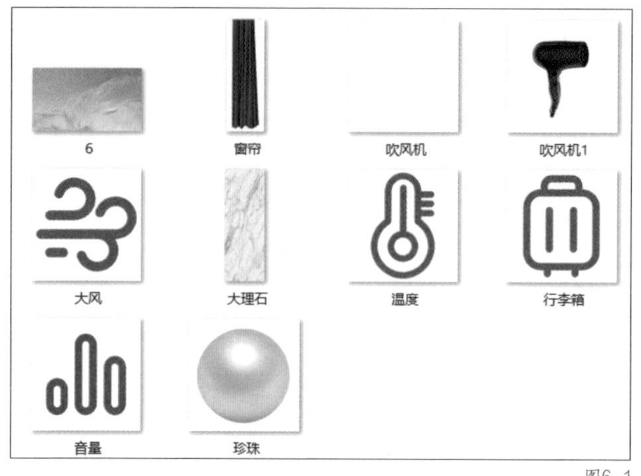

图6-1

项目要求

（1）设计元素简洁，符合产品调性，搭配图标，辅助阅读。

（2）品牌统一性强，整体颜色以品牌标准色和品牌辅助色为主，页面色彩需搭配协调，突出视觉重点。

（3）展示吹风机的整机外观，以便让消费者直观地了解该产品的外观特点，并吸引消费者继续浏览。

（4）重点展示吹风机产品轻松携带、大风速干、恒温控制、低噪运行的四大升级功能，以及智能恒温、大风速干等特点，让消费者感受到品牌的科技力量和创新精神。

（5）呈现平台为线上官方网站，设计时需考虑网页特点，包含清晰的页面排版细节等。

项目文件制作要求

（1）文件夹命名为“YYY_产品详情页设计_日期”（YYY 代表你的姓名，日期要包含年、月、日）。

（2）此文件夹包括以下文件：客户提供的素材文件、最终效果的 JPG 格式文件，以及 PSD 格式工程文件。

（3）尺寸：1000px × 4400px。颜色模式：RGB。分辨率：300ppi。

完成时间

2 天。

【任务拆解】

1. 分析客户需求，确定设计方案。
2. 设计首屏，突出产品外观。

   ① 用【矩形工具】和【椭圆工具】构建场景。

   ② 用【画笔工具】塑造光影。

   ③ 添加【曲线】调整图层，使画面自然。

   ④ 利用素材丰富场景。

   ⑤ 添加文案。
3. 设计第二、三屏，展现产品细节特点。

【工作准备】

在进行本项目的制作前，需要掌握以下知识。

1. 常见的详情页设计形式。
2. 首屏设计方法。
3. 文字设计基础知识。

如果已经掌握相关知识可跳过这部分，开始工作实施。

知识点 1 常见的详情页设计形式

在详情页设计中，不同种类的产品，例如食品、电器和图书等，详情页设计的侧重点会有所不同，本知识点将总结几种常用的详情页设计技巧，为读者提供设计思路，提升工作效率。

1. 分屏制作

采用竖屏的设计思维，分屏制作，即在电子设备上浏览详情页时，每次向下滑动屏幕，在屏幕上呈现的都是完整的一屏内容。这样不仅利于信息的传递和视觉效果的提升，还能兼顾移动设备。在无法预测用户的使用场景时，设计能兼顾多平台是更好的选择。图 6-2 所示为分屏制作的详情页效果。

2. 善用图标元素

如果文案中有数字、项目符号、编号等，可以做特殊处理或者把数据放大。大字号的数字和英文能起到很好的装饰作用，项目符号和编号可以利用图形或线条来增添细节，使整体画面在统一的前提下又不显得单调，同时关键词和关键数据也能起到很好的突出强调作用，如图 6-3 所示。

3. 利用配图吸睛

根据详情页文案选图时，通常会采用以产品为中心配图或根据关键词配图的形式，这两种形式也可以结合使用。虽然详情页是以介绍商品为主，但每一部分都出现产品图会让人感觉枯燥，所以需要根据文案关键词来配图，如图 6-4 所示。

4. 有深有浅的配色

整体画面不需要完全深色或浅色，尽量做到有深有浅，让画面富有节奏感，视觉上有轻重之分，避免大面积的深色或浅色。可以通过改变其中某个模块的背景色来将大面积的深色或浅色隔开，如图 6-5 所示。

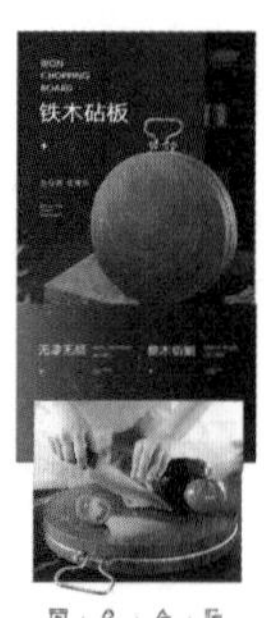

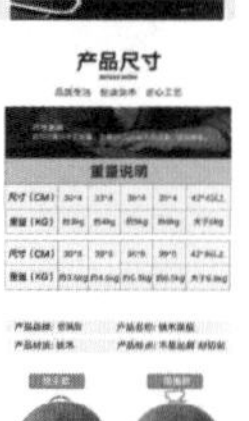

图6-2

图6-3

知识点 2 首屏设计方法

在详情页中，首屏设计是至关重要的。首屏的好坏在一定程度上影响用户是否继续阅读，同时也为详情页的风格定下基调。那么常见的首屏设计方法有哪些呢？下面将逐一介绍。

1. 为画面营造光感

为画面营造光感，不管画面是否有光源，都可以做出一束光来增加画面立体感，如图 6-6 所示。

图6-4

图6-5

2. 为产品打造一个场景

为产品打造一个场景，能使用户有很好的代入感，使产品的功能更加鲜明。搭建出一个小型场景，将产品置身于环境中，整体画面会给人一种舒适感，再搭配简单的文案，让详情页更加吸引人，如图 6-7 所示。

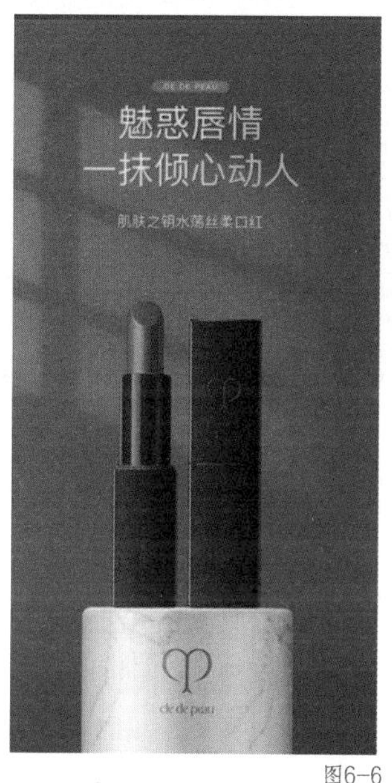

图6-6

图6-7

3. 为产品渲染氛围

并不是所有产品都适合简约的风格，例如游戏风格的产品，首屏就需要酷炫一些，但是为产品渲染氛围是通用的设计手法，在效果和材质上配合文案和产品做出相应的改变即可，如图 6-8 所示。

图6-8

知识点 3 文字设计基础知识

使用 Photoshop 可以进行很多与文字有关的设计，包括字体设计、文字特效设计、图文排版设计等，如图 6-9 所示。

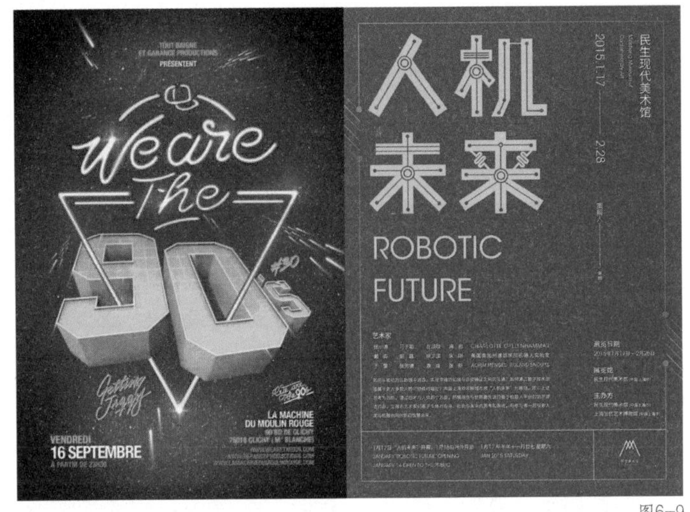

图6-9

1. 中英文字体分类

中英文字体可以分为衬线体和非衬线体。

衬线体起源于英文字体，文字笔画具有装饰元素；非衬线体的笔画没有装饰元素，笔画粗细基本一致。衬线体和非衬线体有着不同的特质。衬线体一般比较严肃、典雅，因为其起源于印刷，所以常用于印刷大段文字，可读性更佳；非衬线体一般比较轻松、休闲，因为笔画没有装饰元素，所以用在电子屏幕上显示效果更佳。常见的宋体就是衬线体，而黑体、幼圆等字体则是非衬线体，如图 6-10 所示。

Ab　Ab　宋体　黑体 幼圆

图6-10

2. 文字的基本属性

文字的基本属性就是文字的大小和粗细。同一款字体一般会有不同的字重，也就是不同的粗细，如图 6-11 所示。在文字大小和粗细的选择上，一般正文会选择较小、较细的字体，而标题会选择较大、较粗的字体。

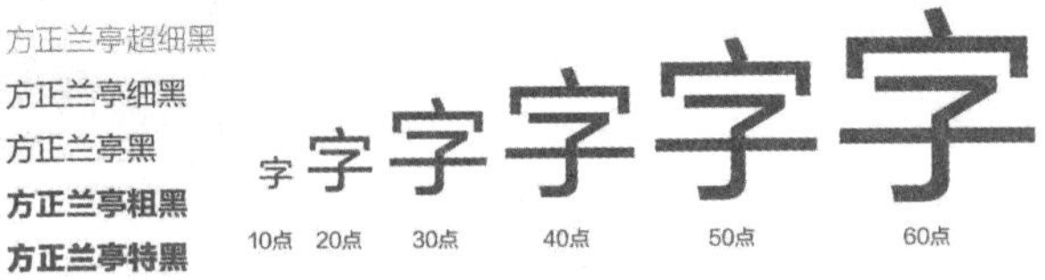

方正兰亭超细黑
方正兰亭细黑
方正兰亭黑
方正兰亭粗黑
方正兰亭特黑

字 字 字 字 字 字
10点 20点 30点 40点 50点 60点

图6-11

3. 字体的情感

不同的字体有不同的情感。一些字体从名称上就能感受其个性，如力量体、娃娃体和综艺体等，如图 6-12 所示。

方正力量黑

方正娃娃篆

方正综艺体

方正苏新诗柳楷

图6-12

图 6-13 中使用的是手写体，手写体一般具有古朴、典雅和文艺的气质，适用于历史、传统文化题材的作品。

图 6-14 中使用的是黑体，黑体具有现代、简约的气质，适用于现代艺术展览的宣传设计。

一些字体还能体现出性别的特质，如衬线体较其他字体更柔美，所以更多地使用在与女性题材有关的作品中，如图 6-15 所示。

黑体一般更能体现力量感，所以更多地使用在与男性题材有关的作品中，如图 6-16 所示。

图6-13

图6-14

图6-15

图6-16

提示 在使用字体时，特别是在制作商业项目时，一定要注意字体的版权。大部分字体都不能免费商用，需要取得商业授权才能商用。如果想要节约字体授权的费用，可以在网上搜索免费、免版权的字体来练习和使用。

4. 排版基本原则

在文字排版设计中，遵循对齐、对比、重复、亲密 4 个原则做出来的作品不易出错。这 4 个原则在实际应用中是互相嵌套的，因此使用时需要灵活组合。

（1）对齐

对齐包括文字与文字的对齐、文字与图片的对齐等。对齐方式包括左对齐、顶对齐、两端对齐等。对齐让图文看起来更加整齐、有条理，如图 6-17 所示。

（2）对比

对比可以突出重点，建立文字的信息层级，如图 6-18 所示。在对比的手法中，不仅包括大小对比，还有颜色对比、字体对比等。

图6-17

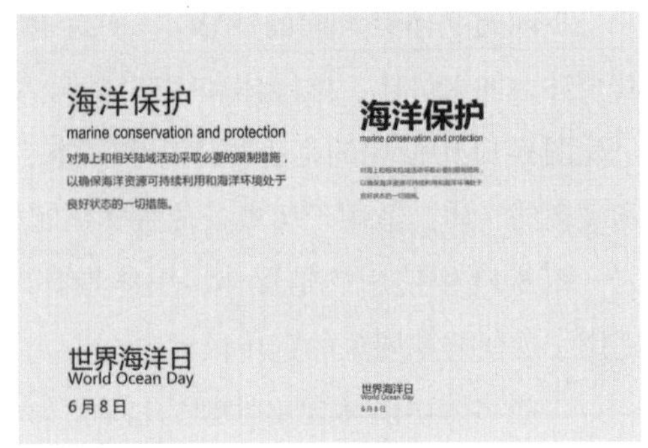

图6-18

（3）重复

利用重复的元素可以对画面的内容进行划分，在作品中同样层级的信息要素可以使用统一的设计规范，如统一的字体、字号、对齐方式等。以图 6-19 为例，同类的标题使用同样的字体、字号和对齐方式，可以避免版面杂乱无章，使版面看起来更加简洁美观。

（4）亲密

亲密，简单来说就是对画面中的信息进行分类，把每一个分类做成一个视觉单位，而不是很多孤立的元素。以图 6-20 为例，“海洋保护”的中文标题和英文标题组成一个视觉单位，“世界海洋日”与日期组成另一个视觉单位，放在海报的下半部分，这样做可以使画面看起来更有组织性和条理性。

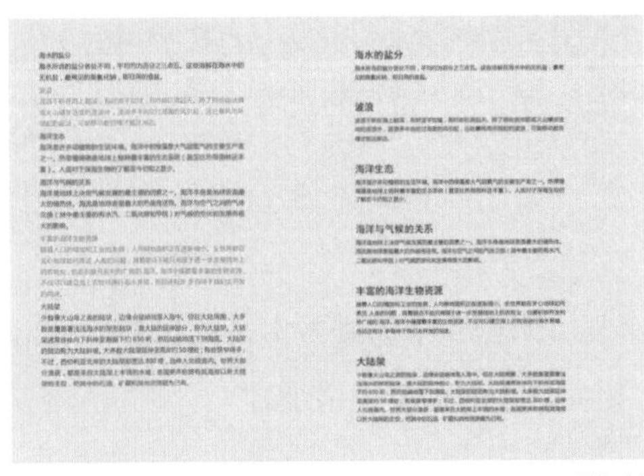

图6-19

图6-20

将以上 4 个原则灵活运用在设计之中，可以打造出层次分明的作品。

5. 图文布局方式

在浏览图文设计作品时，可总结一些常见的图文布局方式，以便在设计时参考。常见的图文布局方式有左右结构、上下结构，以及较稳定的对称式构图等，如图 6-21 所示。

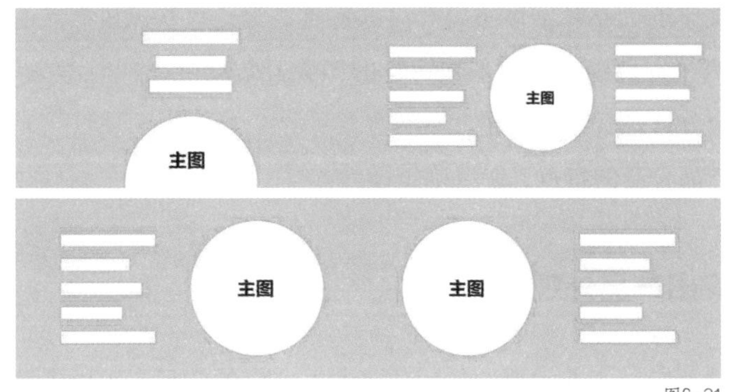

图6-21

图文排版还有很多灵活的方式，可以多看优秀的作品，参考其排版方式，再加以吸收和优化。

至此，本章已经介绍完实现项目所需要的知识点，下面就利用这些知识实现项目吧！

【工作实施和交付】

对于一个详情页的设计方案，首先根据客户需求和产品特点设计方案，确定主题色，再对每个分页进行统一色调但各有特色的制作，做到主题清晰、观感流畅，最终交付给客户一个满意的成果。

分析客户需求，确定设计方案

首先要了解客户对产品详情页的需求，然后，为了更好地了解产品，在拿到吹风机这个产品之后，需要进行以下工作。

（1）寻找竞品进行共同点分析，为设计提供思路。

（2）首屏可以为详情页营造氛围，定下基调，让用户有很好的代入感，吸引用户继续阅读。根据客户需求，将吹风机的整体外观图放在首屏，让用户很直观地了解产品外观。

（3）为了让画面更加和谐，同时满足客户品牌统一性的特点，可以根据吹风机的颜色来确定详情页的主题色，通过运用深浅色彩变化，让模块清晰化，也让画面更富有节奏变化。

（4）利用文字的大小和字体突出产品的特点，为凸显吹风机产品的功能，包括轻松携带、水负离子、恒温控制、低噪运行的四大升级功能，同时考虑到网页的特点，可以单独用一个分页进行特点阐述。

（5）结合产品自身的特点，最终确定设计方案。

设计首屏，突出产品外观

首屏在详情页中处于非常重要的地位。通过之前的知识点可以了解到，构建场景能凸显产品，让产品外观特点更加鲜明，也能让用户产生很强的代入感，再搭配简洁的文案，更容易让用户继续阅读。

1. 用【矩形工具】和【椭圆工具】构建场景

在 Photoshop 中新建一个宽度 1000 为像素、高度 4400 为像素、分辨率为 144ppi、颜色模式为 RGB 的文档。分别新建位于 1480 像素和 2960 像素的水平参考线，将长图分割为 3 个页面。

首先进行首屏的设计。在首屏构建一个场景用于产品展示。产品图作为首屏的关键信息，要具有视觉冲击力。将吹风机素材拖入新建文档，重命名素材图层为“吹风机”。为了凸显产品，需要调整大小和位置。通过在场景里增加一束光源的方式，可以增强画面立体感。我们设定光源在左边，所以就让吹风机向左面对光源，同时将位置向右调整，这样呈现的画面会更加平衡，如图 6-22 所示。

接下来构建场景中的道具。在构建场景时，通常会以桌子加展示台的形式呈现，然后把物品置于展示台上。用【矩形工具】绘制一个立体的桌子效果。为了呼应客户品牌的主题色，选取与吹风机同色系的深绿色来进行填充。通过上浅下深、上宽下窄的深浅对比展现出桌子的明暗变化，做出立体的效果。调整图层顺序，始终将“吹风机”图层置于最顶层。

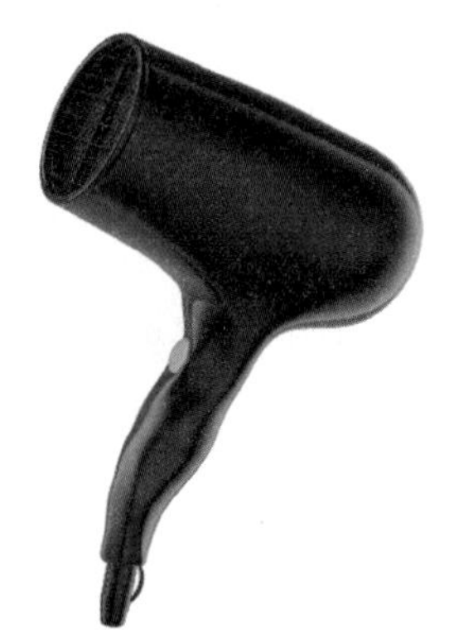

图6-22

接下来进行展示台的构造。展示台的形状可以根据产品外观来调整，像吹风机这样圆润的外观，使用柱形展示台会显得更和谐。使用【椭圆工具】在桌面上构造一个椭圆展示台，填充颜色选择区别于桌子的绿色，因为颜色一样的话立体视觉感会有所减弱。复制“展示台”图层，通过颜色变化做出立体效果。最后用【矩形工具】进行侧边的填补，这样就完成了展示台的形状构造，如图 6-23 所示。

此时只有绿色系，画面会显得有些单调，所以可以添加一些“撞色”的小细节，让画面颜色有深有浅，富有节奏。可以给展示台添加一个围绕在外侧的金属环：复制“展示台”图层，将新图层命名为“金属环”，设置为不填充，描边颜色设为金色，调整图层顺序、大小和位置。

最后完成这个场景的框架构造。用【矩形工具】绘制矩形，填充深绿色系的不同颜色，利用深浅颜色的跳跃变化，让构建的整个场景更加立体，如图 6-24 所示。

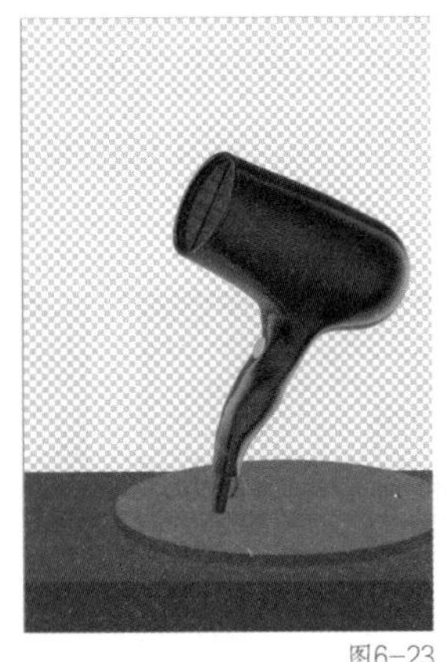
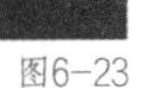
图6-23

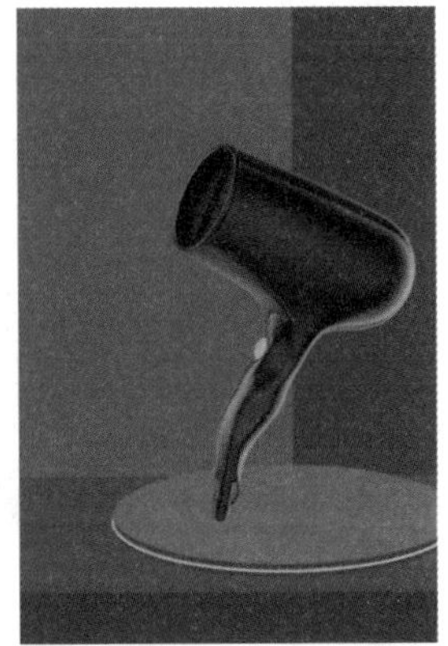
图6-24

2. 用【画笔工具】塑造光影

构建完大体的场景，接下来开始添加光影效果，让场景更具空间感和立体感。首先需要确定光源的位置，因为一开始把光源确定在左上方，那么展示台就是左亮右暗，所以我们要将场景中光源侧提亮，将背光处压暗。在“展示台”图层上方新建两个图层，分别做“向光效果”和“背光效果”。其中一个图层混合模式设置为【滤色】，另一个设置为【正片叠底】，分别设为“展示台”图层的剪贴蒙版。选择【画笔工具】，调整其【硬度】和【不透明度】，选取展示台的颜色，分别画出向光和背光效果。按照同样的方法，为展示台侧面画出两边暗、中间亮的效果，如图 6-25 所示。

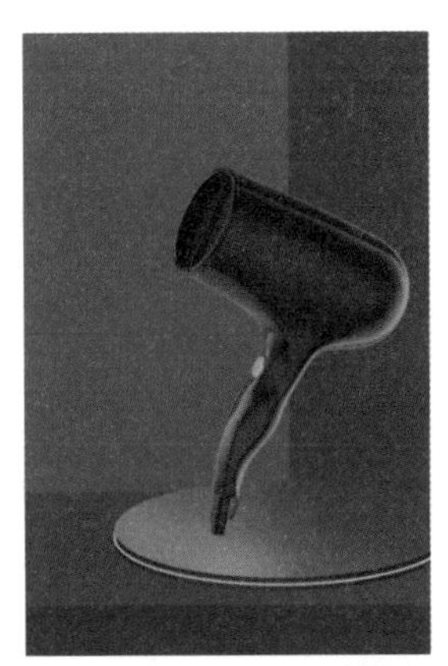
图6-25

3. 添加【曲线】调整图层，使画面自然

由于金属环的材质属性与其他物品不同，所以要单独处理金属环的效果，让画面更加自然。选择“金属环”图层，效果设置为【斜面和浮雕】，【大小】和【软化】调整为【1】，【光泽等高线】设置为【环形－双】，【不透明度】调整为【100%】，阴影颜

色选择灰色，这样金属光泽就出现了。

接着添加效果细节，使金属环看起来完全环绕在展示台上。在“金属环”图层上方新建【曲线】调整图层，并将其设为“金属环”图层的剪贴蒙版，将曲线拖曳调整为S型，然后提高该曲线的“色相/饱和度”。添加一个【色阶】调整图层，将黑白滑块向中间拖。最后用同样的方法，利用【正片叠底】和【画笔工具】，让金属环显现出两边暗、中间亮的效果。金属环的最终效果就做好了，如图6-26和图6-27所示。

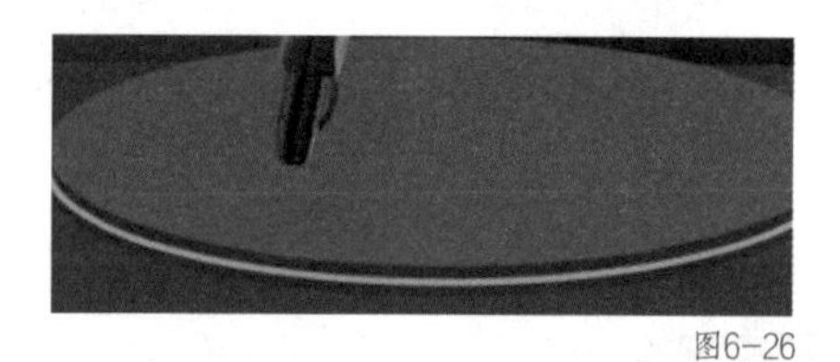

图6-26

图6-27

提示 在效果图层较多时，为了方便找到各个图层，可以把相关的图层编组。按Shift键连续选中多个图层，把选中的多个图层拖曳到【创建新组】按钮处就可以创建图层组了。

最后利用金属环对画面进行修饰，使整体更加美观、和谐。复制“金属环”图层，调整大小和位置，让它环绕到产品上。通过使用剪贴蒙版，擦掉应被遮挡的部分，并补充完整的光影效果。最后根据光源做出金属环的向光和背光效果，如图6-28所示。

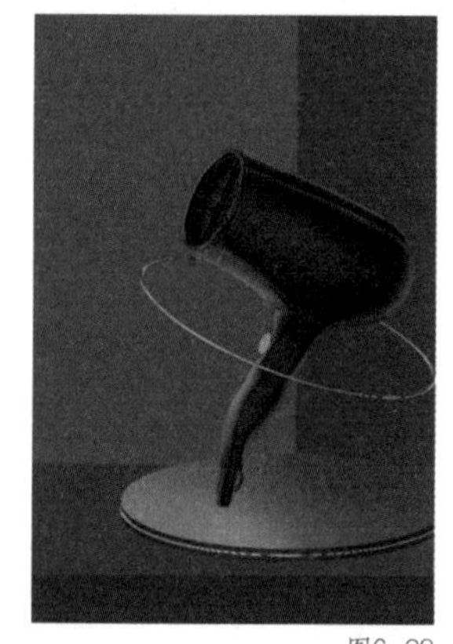

图6-28

提示 要关注素材的材质特征，比如金属材质就算在背光处也有一定的光泽，画笔的不透明度就要调低一些。在实际制作过程中，应根据不同的材质和光源调整画笔的不透明度。

接下来给吹风机做一个投影，这样会显得更加真实，满足有代入感的要求。复制“吹风机”图层，将新图层翻转，使它成为一个倒影效果，对复制图层执行“滤镜→模糊画廊→场景模糊”命令，在两个吹风机图层连接处建立一个关键点，然后在圆形展示台的下方建立另一个关键点。选择下方的关键点，增大它的模糊数值，这样会形成越近越清晰、越远越模糊的效果。最后，使用剪贴蒙版隐藏多余的部分。同时，还要做出吹风机在展示台上的投影，凸显产品跃然台上的效果。根据光照方向，使用【画笔工具】以较深的绿色做出下方和右侧的投影效果。通过【自由变换】功能不断调整形状，利用蒙版和【画笔工具】降低较远的投影的颜色深度。

最后将图层混合模式改为【正片叠底】并降低不透明度，完成产品在展示台上的投影的制作，如图 6-29 所示。

图6-29

为展示台添加一个投影效果，让展示台从平面变立体。添加【投影】图层样式，将【混合模式】设置为【正片叠底】，做一个在展示台下方的投影。同时根据光源判断，桌子立面左侧面光、右侧背光，因此要给桌子立面添加【渐变叠加】效果，选择从前景色到透明的渐变，【角度】设置为【180°】，【混合模式】设置为【正片叠底】并降低不透明度，调整前后的效果分别如图 6-30 和图 6-31 所示。

图6-30

图6-31

墙面的立体效果是上下暗、中间亮。新建两个图层，分别在剪贴蒙版上使用【渐变工具】，在两个图层上做出墙面的立体效果。又因为墙面有厚度，所以需要用【矩形工具】绘制矩形，填充较深的颜色，并将矩形移动到合适的位置，如图 6-32 所示。

场景不仅要展现出立体效果，也要通过材质素材来提升场景的质感，可以给桌面和展示台添加大理石的材质。首先添加大理石材质素材，给桌子立面所在图层建立剪贴蒙版，将图层混合模式设置为【叠加】，添加【曲线】调整图层，压暗明度。建立剪贴蒙版是让大理石素材仅作用在桌子立面上，而不影响其他结构。之后添加桌面的材质，将图层混合模式设置为【柔光】，同样也压暗明度。为展示台及其侧边添加大理石材质素材，如图 6-33 所示。

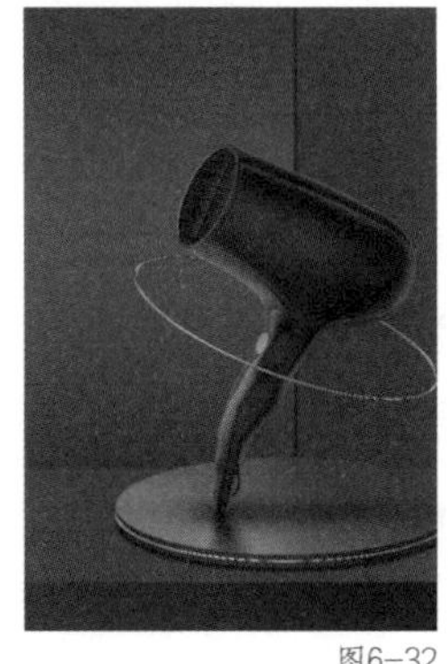
图6-32

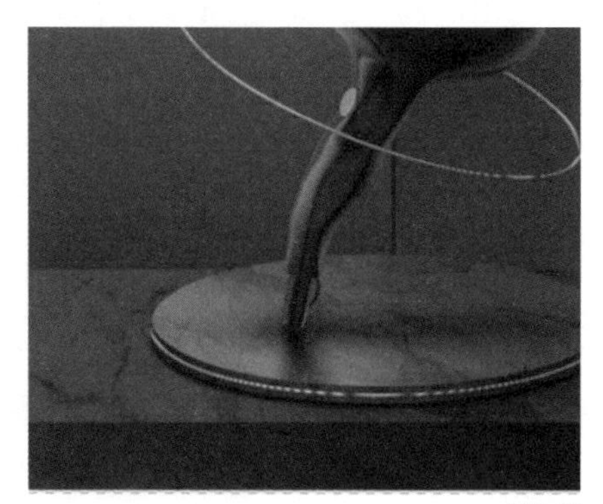
图6-33

4. 利用素材丰富场景

添加完材质以后，为了使画面更丰富饱满，可以丰富场景的其他细节。同时也要注意，客户的需求是元素简单，符合产品调性，所以简单地添加一些素材即可。导入窗帘素材，调整图层的位置，将其设为右侧的矩形的剪贴蒙版，这样可以把多余的窗帘隐藏起来。添加【色相 / 饱和度】调整图层，勾选【着色】选项，把窗帘改为绿色，并提高饱和度，降低明度，使画面色彩更和谐。为了体现光源效果，给窗帘建立一个剪贴蒙版，把靠近墙面的一侧的颜色压暗，突出中间部分，如图 6-34 所示

图6-34

接下来为画面增加一些装饰细节，这里选择珍珠为产品渲染气氛，同时白金色与绿色撞色，也和金属环颜色相呼应，让用户观感更加舒适。添加珍珠素材，调整图层顺序，呈现出珍珠分散在桌子和展示台上的效果，如图 6-35 所示，把珍珠图层编组。为了更加真实，需要做出珍珠本身的质感，以及靠近桌子的暗处和桌子上的倒影。添加【曲线】调整图层，降低明度，提高饱和度，如图 6-36 所示。选择【画笔工具】，选择比珍珠颜色更深的颜色加深珍珠暗处，选择桌子的颜色画出倒影，如图 6-37 所示。

图6-35

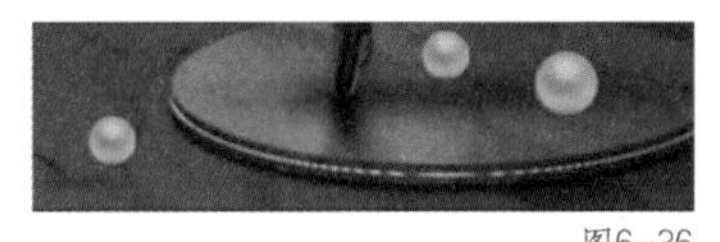
图6-36

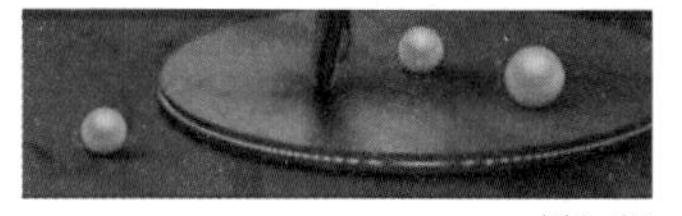
图6-37

还需要在画面的左侧添加毛玻璃的效果，使画面更加饱满立体，有层次感。隐藏白色背景，按快捷键 Ctrl+Alt+Shift+E 盖印图层，并将其转化为智能对象。执行“滤镜库→扭曲→玻璃”命令，【纹理】设置为【小镜头】，调整【扭曲度】【平滑度】和【缩放】，这样毛玻璃的效果就出现了。新建矩形，将图层移至毛玻璃图层下，将毛玻璃图层设为该图层的剪贴蒙版，这样可以隐藏多余的毛玻璃效果。复制矩形并移动新矩形，做出毛玻璃的阴影厚度效果，如图 6-38 所示。

因为玻璃本身是有厚度和倒角的，同时也要考虑到光源，所以需要通过两个深浅不一的绿色矩形做出厚度和倒角效果，同时给玻璃厚度增加光影效果。复制下方矩形，填充亮绿色，调整图层顺序，形成玻璃的倒角效果。新建空白图层，将其设为上方矩形的剪贴蒙版，选择【画笔工具】，选择不透明度低的亮绿色，增加光泽效果。这样就完成了首屏的场景效果，如图 6-39 和图 6-40 所示。

图6-38

图6-39

图6-40

5. 添加文案

文案用于传递产品的核心特点，标题选用较粗的字体、较大的字号，这样能让用户直观地看到产品特点。插入文字后选择黑体类的字体，黑体具有现代、简约的特点，符合客户的需求和设计的整体调性。颜色选择浅黄色，浅黄色文字在绿色场景中会显得更鲜艳，不会被背景色吞掉，也和图中的元素颜色相呼应。同时添加【渐变叠加】效果，【角度】设置为【90 度】，颜色吸取较深的黄色，将色号数值复制到渐变后边色标的颜色设置处，并降低不透明度。这样渐变的文字效果就完成了。

图6-41

接着把剩下的文案都复制粘贴到画面中，并调整字体、字号和颜色，如图 6-41 所示。

设计第二、三屏，展现产品细节特点

下面就来完成详情页第二、三屏的制作。

第二屏的主要内容是客户要求着重突出的吹风机的 4 个特点，同时要符合简洁的需求和网页的规范。这里选择深绿色作为背景色，用白色来突出重点。首先绘制一个从左上到右下绿色由浅变深的矩形作为背景。然后添加第二屏的大标题，黑体、加粗、白色，吸引用户阅读，并将大标题放到页面中偏上的位置。接着在页面中绘制一个白色圆角矩形，并将文案添加到矩形中，字号大小呼应，这样会让用户有阅读重点。文字居中对齐，文字之间用横线进行分隔。添加素材图标，把图标置入画面当中。将第一组图层编组并复制，再替换为不同的文字和图标。最后进行排版，将 4 个矩形舒展地排列在页面中并对齐，如图 6-42 所示。

图6-42

提示 在调整背景图位置时，要给文字留出足够多的空间，把握好文字和图片之间的关系，这样文字看起来才不会太拥挤。摆放文字的时候要注意左右对齐，画面会显得更加整洁。

最后进行详情页第三屏的制作。第三屏主要展示吹风机的独特科技特点，可以适当营造一些科技感。首先插入素材背景图，等比例适配到第三屏，然后把文案复制、粘贴到画面当中，把文字右对齐，使画面整洁。用【直线工具】绘制直线段，分隔开文字。这样既能突出强调不同的数据信息，也能在统一的前提下使画面更加和谐。因为文字的关系，这时画面重心有些偏右，可以添加一个吹风机的小图标在画面左侧。这样既能使画面平衡，也能再一次强调产品。

为减少画面的空洞感，并与文案中的“负离子”相呼应，可以制作白色半透明气泡。选择【椭圆工具】，按住 Shift 键画一个无填充的圆形，添加【内发光】效果，调整不透明度，调整描边【大小】为【1 像素】、颜色为白色。为了增加气泡感，在气泡中添加一个小气泡。在圆形里画一个圆角矩形，复制圆的图形样式，这样就得到了一个充满科技感的装饰气泡。将圆形和矩形图层编组，复制出几个图层组，分别调整大小和位置，如图 6-43 所示。这样产品详情页就制作完成了，如图 6-44 所示。

图6-43

详情页制作完成后，将格式为 JPG 的产品详情页效果图、按要求格式命名的制作文件以及客户提供的素材文件，放到同一个文件夹里并提交给客户，如图 6-45 所示。

智能恒温电吹风
全新升级 四大卓越功能
千万负离子护发
告别发质干枯

图6-44

素材

PSD
YYY_产品详情页
工程文件_日期

YYY_产品详情页
效果图_日期

YYY_产品详情页
设计_日期

图6-45

【作业】

一家致力于提供高品质音乐体验的耳机生产公司，不断推出创新的技术和产品，让用户感受音乐真正的魅力。同时，他们还注重产品的舒适性和便携性，让用户可以随时随地享受高品质音乐。为了给用户提供沉浸式的购买体验，提升产品在电商平台的销量，提高品牌知名度和美誉度，该公司需要一个详情页展示其产品的特色和优势。该公司的负责人联系你，希望你制作一个耳机的详情页来介绍产品。在设计完成后，你将向负责人发送最终设计方案进行确认，以确保符合其期望和要求。之后，该详情页将在网站发布。

项目名称：吹风机产品详情页设计。

项目资料如下。

产品名称：Sound Wave 蓝牙耳机。

介绍信息如下。

领先科技 · 极致体验。

高品质音质——搭载先进的音频处理技术和高保真音质，让您享受到更加清晰、逼真的音效，尤其适合听音乐、看电影和打游戏。

轻便舒适——采用人体工程学设计和轻量化材质，耳机重量仅有 25 克，佩戴舒适、不压耳朵，即使长时间使用也不会感到不适。

长续航——搭载高性能电池，续航时间长达 12 小时，能够满足您一天的使用需求。

智能语音控制——支持智能语音助手的控制，如 Siri、Google Assistant 等，让您可轻松实现打电话、播放音乐等操作。

多平台兼容——支持蓝牙 4.2 技术，能够兼容多个平台，如手机、平板电脑、电脑等。

素材如下。

共 11 张图片，其中包括 1 张产品图、1 张产品背景图、9 张配图，如图 6-46 所示。

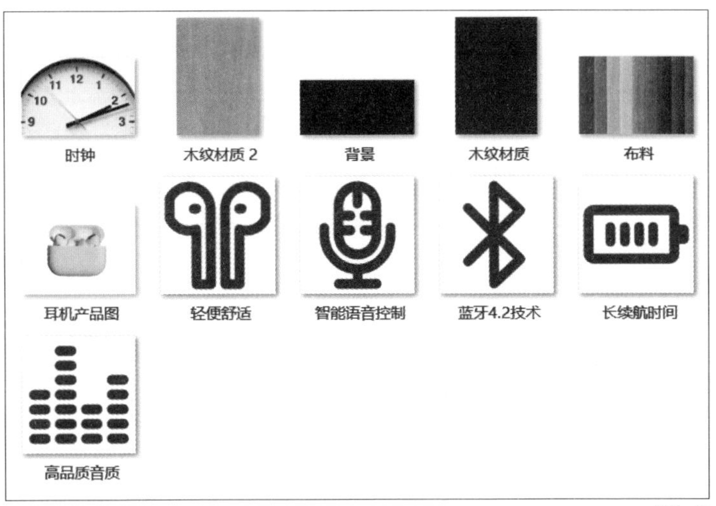

图6-46

项目要求如下。

（1）内容简洁明了、清晰易懂、优雅大方，符合品牌的定位。

（2）颜色选取品牌标准色和品牌辅助色，提高页面的可读性和美观度。

（3）在页面中央展示耳机产品的照片、标注产品名称和主要特点等信息，展示该品牌的产品特色和优势，吸引用户关注和购买。

（4）详情页上重点展示耳机的四大功能，让用户感受到品牌的科技力量。

（5）呈现平台为线上官方网站，设计时需考虑网页特点，应包含清晰的页面排版和细节等。

文件交付要求如下。

（1）文件夹命名为“YYY_产品详情页设计_日期”（YYY 代表你的姓名，日期要包含年、月、日）。

（2）此文件夹包括以下文件：素材文件（客户提供的素材）、最终效果的 JPG 格式文件，以及 PSD 格式工程文件。

（3）尺寸：1000px × 4400px，颜色模式：RGB。分辨率：300ppi。

完成时间：2 天。

【作业评价】

序号	评测内容	评分标准	分值	自评	师评	综合得分
1	灵感素材	是否符合内容需求； 是否具有参考价值	10分			
2	创意方案	是否有两屏以上； 是否符合客户需求； 是否能带来良好的视觉感受	20分			
3	文件规范	尺寸、颜色模式和分辨率是否符合要求	10分			
4	设计制作	素材是否清晰、无水印、无变形； 主题是否突出； 颜色搭配是否合理； 文字层级是否分明； 各元素之间分布和对齐是否合理； 产品详情页是否符合主题	55分			
5	文件提交	是否符合提交说明中的要求	5分			

注：综合得分 =（自评 + 互评 + 师评）/3

项 目 7

扁平插画绘制

插画是指以图像和图形的方式来传达信息和表达故事情节的艺术形式。插画可以作为文字内容的补充说明，也可以单独作为艺术作品。通过手绘、鼠绘和数位板绘等方式都能绘制插画。

插画涉及的领域很广，与插画相关的工作可以分为传统印刷出版类和互联网视觉类。传统印刷出版类有儿童插画、招贴海报、宣传单、杂志和图书内文插画、封面设计和产品包装等。互联网视觉类插画自成门类，主要包括插画风格的图标、App开屏界面，以及H5小游戏、活动页、运营Banner、品牌形象和表情包等。

本项目将带领读者学会从构思创意到插画绘制的全过程，掌握绘制独特创意和风格的插画的思路与方法。

【学习目标】

了解造型、色彩搭配、构图、透视、光影等绘画基础知识，掌握使用 Photoshop 绘制插画的方法。

【学习场景描述】

“清林雅苑”楼盘是位于城郊滨海的轻奢住宅区，环境优美、空气清新且交通便利。这个楼盘采用了充满小镇风情的木房子设计，内部装修考究，每一个细节都精心雕琢。周围的山水、农场和花房能让人尽情感受大自然的美好和生命的活力。此外，他们还提供管家服务，让住户生活更加便利和舒适，轻松享受生活中的每一个美好瞬间。这个楼盘即将开盘，为了吸引潜在购房者的注意，提高楼盘的知名度和美誉度，他们想通过赠送明信片的方式来做营销和推广。因此相关负责人联系你，需要你为该楼盘的明信片绘制一个插画，展现楼盘的特色。最终的设计方案需要给相关负责人确认。之后，该插画将会被印在明信片上。

【任务书】

项目名称

清新风扁平插画绘制。

项目要求

（1）插画场景要紧扣内容，能够清晰地传达信息，展现出楼盘设计的细节和特色，如木房子、树木和花草等，更好地体现其魅力，吸引人们的注意力。

（2）采用自然、清新、明亮的色调，如淡绿、淡黄、淡粉等，更好地表现该楼盘的自然环境和清新气息，带给人轻松、愉悦的感觉。

（3）插画采用扁平风格，画面丰富，构图完整，色彩明快，以展现出温馨、自然和浪漫的气息，贴近人们的生活和情感。

（4）受众群体为年轻人，设计风格要年轻化，符合他们对生活品质的追求。

（5）呈现平台为明信片，所以插画尺寸要与明信片的尺寸相配，构图协调。

项目文件制作要求

（1）文件夹命名为“YYY_扁平插画绘制_日期”（YYY 代表你的姓名，日期要包含年、月、日）。

（2）此文件夹包括以下文件：最终效果的 JPG 格式文件，以及 PSD 格式工程文件。

（3）尺寸：2000px × 2000px。颜色模式：CMYK。分辨率：300ppi。

完成时间

3 小时。

【任务拆解】

1. 分析客户需求并制订设计方案。
2. 绘制云彩、树木和地面作为画面背景。
3. 绘制木屋作为画面主体元素。
4. 绘制小草栅栏、信箱和草丛等作为画面的装饰性元素。

【工作准备】

在进行本项目的制作前，需要掌握以下知识。

1. 造型。
2. 色彩搭配。
3. 构图。
4. 透视。
5. 光影。

如果已经掌握相关知识可跳过这部分，开始工作实施。

知识点 1 造型

造型是绘画的基础。以画人像为例，通常人们说把人物画得很像，是指抓住了属于这个人物的独有特征。在学习插画绘制的初期，可以通过多看高质量的插画作品，并临摹自己喜欢的插画作品来提升自己的造型能力，如图 7-1 所示。

图7-1

在临摹插画的同时，还需要学习优秀作品中的构图和色彩搭配，并且要逐渐尝试从原来 100% 地临摹到逐渐加入自己喜欢的色彩、元素和造型，找到属于自己的风格。平时不仅要多练习画画，还需要收集和整理属于自己的素材库，学习更多的表现形式，如图 7-2 所示。同一个物体从不同的角度观察，它的表现形式是不同的。

图7-2

了解如何训练造型能力以后，可以给自己准备一个小本子和一支笔，用简单的线条来记录生活中发生的一切，然后逐渐加入主题，有目的性地去练习，试着去发散思维、构造联想，如图 7-3 所示。

图7-3

在绘画初期不需要给自己设定太多的条件，想要画得好，需要投入大量时间练习，所以可以先从自己感兴趣的事物入手，每天坚持不懈地练习。

知识点 2 色彩搭配

色彩搭配是将不同颜色的元素组合在一起，以达到使画面具有美感、画面协调和表达特定情感或主题的目的。常见的色彩搭配方案有以下几种。

1. 单色搭配

使用一个颜色，通过改变其饱和度或明度来调节颜色，即使是相同色相，颜色也能产生不同的变化。单色搭配的优点是不容易出错，缺点是比较单调，如图 7-4 所示。在学习颜色搭配的初期，可以从单色搭配开始，然后逐渐加入更多的颜色。

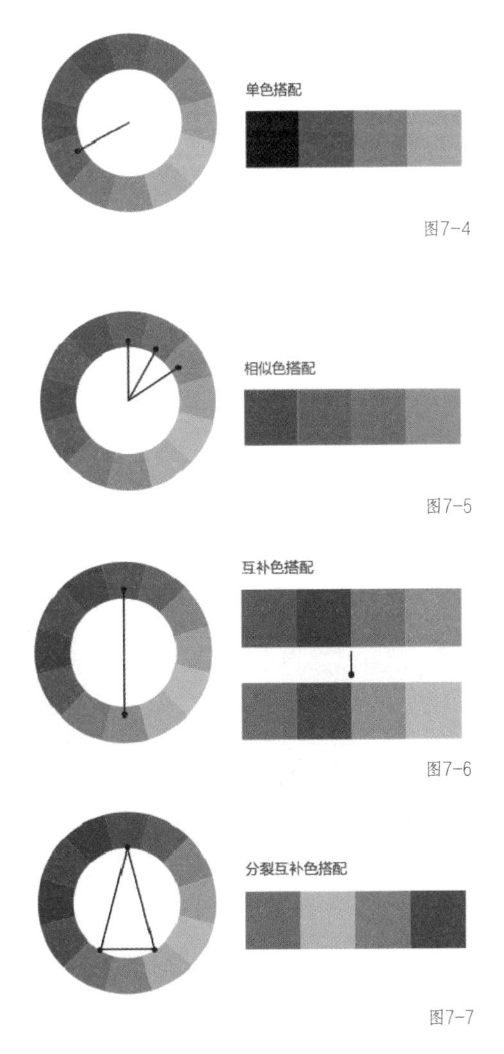

图7-4

图7-5

图7-6

图7-7

2. 相似色搭配

使用相邻的两三种颜色来搭配使用，如图 7-5 所示，如红色和橙色、蓝色和绿色等。

3. 互补色搭配

使用彼此相对的颜色进行搭配使用，如图 7-6 所示，如蓝色和橙色、红色和绿色等。互补色搭配的优点是会使画面比较丰富多彩，但是比较难搭配。

4. 分裂互补色搭配

使用相对颜色的两侧颜色进行搭配使用。使用的颜色在色轮上形成等腰三角形，如图 7-7 所示。如红色相对的颜色是绿色，不使用绿色进行搭配，而使用绿色左右两边的颜色来跟红色进行搭配。这种搭配方式比互补色搭配的难度要低一些。

5. 三元色搭配

采用 3 种在色轮上构成一个等边三角形的颜色进行搭配，如图 7-8 所示。

6. 四元色搭配

使用的颜色在色轮上形成一个矩形，可以将其中一个颜色作为主色，其余的颜色作为辅色，如图 7-9 所示。

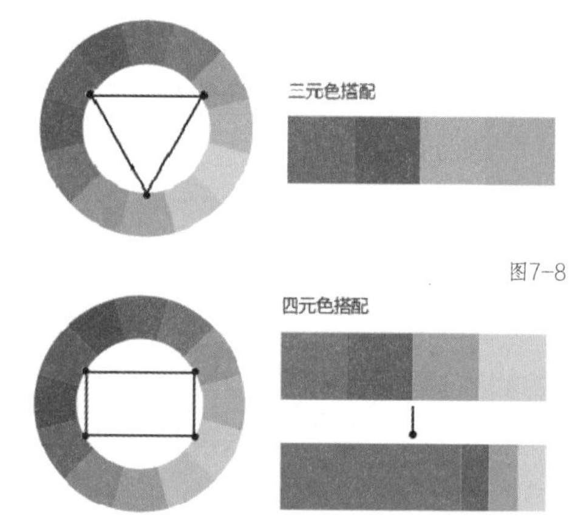

图7-8

图7-9

知识点 3 构图

构图是指绘画时根据题材和主题思想，将要表现的形象进行合理布局，构成一个完整的画面。构图的作用是让画面有整体感和平衡感，使画面饱满，各元素间能够相互呼应。

常见的构图形式有横分式构图和竖分式构图，这两种形式将画面上下或左右分为 2 : 1 的比例，一部分是画面的主体，另一部分则是画面的陪衬，如图 7-10 所示。

九宫格式构图是指将画面横向和纵向等分为 3 行和 3 列，将主体放在交叉点上，如图 7-11 所示。交叉点是画面中最佳展示内容的位置，符合人们的视觉习惯。

三分式构图是将画面分为三等份，每一份都是画面中的主体，它比较适合元素较多的画面，如图 7-12 所示。三分式构图比较简单，能够让画面非常饱满。

图7-10

图7-11

图7-12

对角式构图是指画面的左上、右下或右上、左下形成一条对角线，对角线能够起到引导观众视线的作用，如图 7-13 所示。这种构图形式会使画面比较均衡、舒适。

斜三角式构图是指画面上有 3 个视觉中心点，将 3 个视觉中心点相连接，会形成一个斜三角形，如图 7-14 所示。这种构图形式会使画面丰富、生动。

对称式构图比较平衡，能使画面看起来很稳定，如图 7-15 所示。这种构图形式适合用于主体物不需要特别突出的作品中。

图7-13

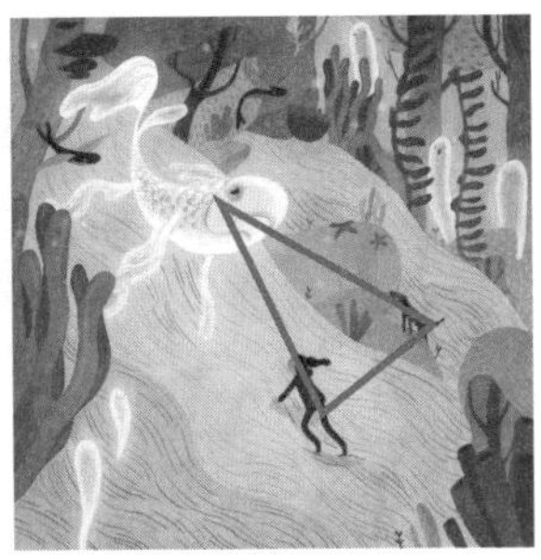
图7-14

图7-15

知识点 4 透视

透视是指在平面上描绘物体时，物体之间的空间关系。

一点透视是指由于物体近大远小，物体的延长线最终会消失于一个点，如图 7-16 所示。

两点透视是指由于物体近大远小，物体的延长线最终会消失于两个点，如图 7-17 所示。两点透视不仅要考虑物体的近大远小，还需要考虑物体的左右关系。

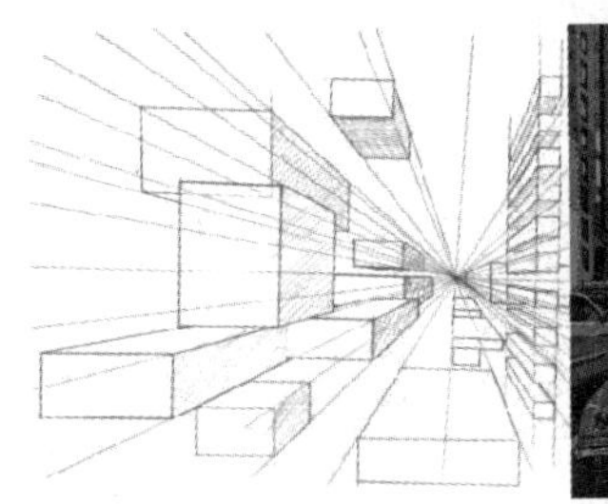

图7-16

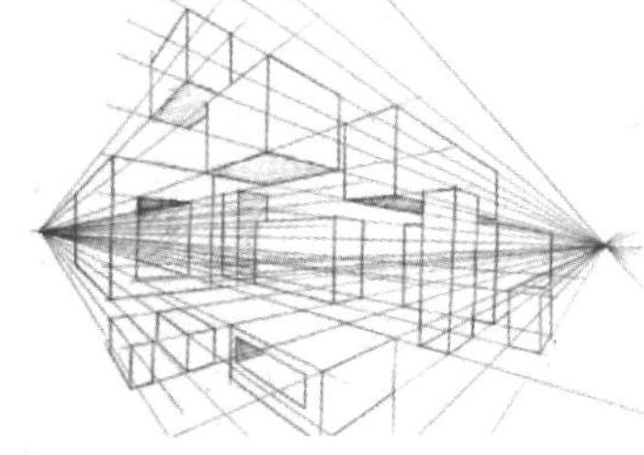

图7-17

三点透视是指物体的延长线最终会消失于 3 个点，如图 7-18 和图 7-19 所示。三点透视不仅要考虑物体的远近关系、左右关系，还需要考虑上下关系。三点透视对造型能力要求特别高，它比较适合在大场景或沉浸感特别强的画面中使用。

无透视是指在画面中透视关系不明显，如图 7-20 所示。这种透视方式在互联网插画中经常被使用。

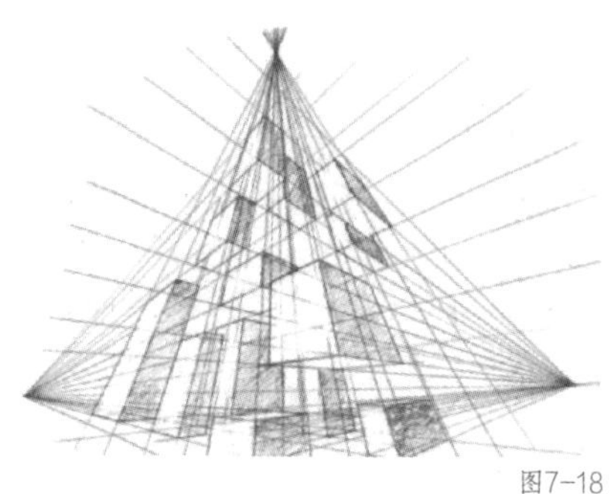

图7-18

图7-19

图7-20

颜色透视是指通过颜色来营造透视关系，如图 7-21 所示。一般来说，近处颜色深、远处颜色浅；近处细节多，远处细节少。

视平线是指人眼平视时视线所在的线，而地平线是指地面和天空相交的那条线。视平线和地平线不是同一条线，只是在绘画作品中经常会将视平线和地平线重叠在一起来使用，如图 7-22 所示。

图7-21

图7-22

外观与真实，是指绘画当中要表现的物体与真实的物体之间的差别，如图 7-23 所示。因为同一物体在不同角度下，它的形态是不一样的，所以在绘画时不要遵循固定思维，要尝试从不同的角度去想象。

隐形透视是指物体在不同距离上的模糊程度，如图 7-24 所示。绘画理论中常说的“近实远虚”就可以理解为隐形透视。

图7-23

图7-24

知识点 5 光影

光影的产生需要有光源，通俗来讲，光照在一个物体上，就会形成光影，如

图 7-25 所示。发光的物体无处不在，如夜空里的星星、蜡烛、电灯等。此外，光还有明度、方向和冷暖之分。

图7-25

光的反射让人看到物体的具体形象，其中不同材质、尺寸的物体，反射出的形象是不同的。

1. 光影的基本原理

物体在光的照射下会产生立体感，形成“三大面”“五大调”，如图 7-26 所示。“三大面”是指黑、白、灰。黑指的是物体的背光部分，白指的是物体的受光部分，灰指的是物体的侧光部分。“五大调”是指高光（最亮的部分）、明部（高光以外的受光部分）、明暗交界线、暗部（包括反光）和投影。

图7-26

2. 光影的特性

光影的第一个特性是反射，也被称为反光。反光通常发生在表面光滑的物体上，如小朋友吹的泡泡会反射出周围环境的颜色，如图 7-27 所示。

图7-27

光影的第二个特性是折射。折射通常发生在液体的表面，如将一根筷子插入水中就会产生折射。液体不同，折射的效果也会不同。雨后的彩虹是光线折射产生的效果，如图 7-28 所示。

图7-28

光影的第三个特性是投影。投影是体现物体真实性、营造逼真空间、突出主题形象的有效手段，如图 7-29 所示。需要注意的是，离物体近的投影实、颜色重、边缘清晰，离物体远的投影虚、颜色浅、边缘模糊。

图7-29

了解光影的特性对深入刻画物体细节是很有好处的。在日常生活中，要养成观察事物光影的好习惯。

3. 光影在绘画中的运用

在绘画中，首先要拟定光源的位置，因为光源位置不同，受光面和背光面是不一样的，如图 7-30 所示。这需要经常观察生活中光投射在真实物体上的颜色情况，以及多看优秀插画作品是如何将光影运用在绘画中的。

图7-30

至此，完成本章项目所需了解的主要知识已经介绍完毕，大家在结合前面章节所掌握的方法与技巧，即可完成本书最后一个实训项目。

【工作实施和交付】

首先理解客户的需求，根据需求进行设计，然后用恰当的工具进行绘制，合理排版，最终交付合格的设计。

分析客户需求并制订设计方案

这是一个楼盘明信片的插画绘制需求，插画场景要求紧扣内容，能够清晰地传达信息；插画风格为扁平风，画面丰富，构图完整，色彩明快。

可以参考相关的摄影图片来确定画面内容，如树木、地面、木屋、信箱、栅栏和花草等。确定好画面内容后，可以先绘制草图，把构思和想法快速地表现出来。然后将草图交给客户确认是否满足需求，从而在草稿阶段大致确定画面的整体框架，避免交稿后的大幅度调整。插画使用扁平风格，人物、动物、植物等任何元素都是扁平的，因此刻画细节时只需要增加物体的亮部和暗部就可以了。插画的主题是木屋风格的建筑，因此插画的主体元素为木屋，根据木屋的特点，使用简单的几何形状进行搭建，从而体现木屋粗犷和自然的风格元素；除主体以外，可以添加相关的元素，使元素之间能够相互呼应，让画面更加丰富，然后通过改变画面元素的大小、明暗和色彩等，突出画面中的重点。

绘制云彩、树木和地面作为画面背景

绘制草图，表现构思和想法。将草图交给客户后，确认是否满足需求，确定画面的整体框架后，就可以用软件进行绘制了。在 Photoshop 中新建一个文档，宽度和高度为 2000px，分辨率为 300ppi，颜色模式为 CMYK。将草图移动到新建的文档中，如图 7-31 所示。将草图作为参考，一边绘制一边调整元素的大小和形状。

图7-31

在背景图层上新建一个图层，填充浅色。使用【钢笔工具】绘制几个三角形作为云彩。为了使云彩与主体颜色更加契合，为其填充比背景颜色稍浅一些的颜色。绘制好这些云彩以后，按住 Shift 键连续选中这些图层，按快捷键 Ctrl+E 将图层合并，方便后续调整。使用【直接选择工具】调整图形的锚点，微调图形的形状，如图 7-32 所示。

图7-32

接着，绘制远景的森林。首先绘制一棵树，填充暗红色。

使用【路径选择工具】，按住 Alt 键进行复制，形成森林，然后调整每棵树的外形，使树之间有细节的变化。改变树的填充颜色，通过颜色区分树与树之间的远近关系，如图 7-33 所示。

然后为树添加树叶，丰富树的细节。使用【椭圆工具】绘制出树叶的外形，使用【钢笔工具】，按住 Alt 键暂时转换为【转换角点工具】，单击椭圆形的上下两个锚点，使其变成尖角，这样一片树叶就画好了。按住 Alt 键拖曳形状以复制形状，按快捷键 Ctrl+T，调整复制得到的形状，为其他树枝添加树叶，如图 7-34 所示。

图7-33　　图7-34

注意 在绘制插画的过程中，常用到的工具是【钢笔工具】。在属性栏上选择【形状】，绘制好图形后，可以使用【直接选择工具】调整图形的细节。

绘制近景的树，继续丰富画面元素。使用【矩形工具】绘制一个矩形，调整圆角属性，填充深黄色。复制图层并将新图层设为矩形图层的剪贴模板，填充浅黄色，通过一深一浅两个面表现图形的立体效果。然后复制、移动图层并调整颜色，形成多个树冠。

绘制树的枝干，调整图层顺序，将其放到叶冠的下方，如图 7-35 所示。

将植物图层进行编组并命名。复制图层组，移动新图层组并调整细节。在复制的过程中，圆角的属性可能会有变化，需要细微调整圆弧的数值，如图 7-36 所示。

接下来绘制地面。使用【矩形工具】绘制一个矩形，填充浅棕色。绘制几个三角形作为地面的纹路；绘制几个不规则的形状作为石头和小草，为地面增添细节，如图 7-37 所示。绘制好以后将地面图层进行编组并命名。

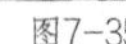

图7-35　　图7-36　　图7-37

绘制木屋作为画面主体元素

使用【钢笔工具】绘制木屋的大体结构，确定木屋各要素的位置，包括木门、墙面、木牌、窗户、屋顶、烟囱等，并填充颜色，如图 7-38 所示。

刻画木屋各要素的细节，使用一深一浅两个面来表现图形的立体效果。

首先刻画木门的细节。先使用【钢笔工具】绘制木门上的窗户，填充合适的颜色，然后绘制深浅两个面，为窗户增加立体效果。为了使窗户更加真实，添加反光效果。使用【矩形工具】绘制几个矩形，填充比窗户浅一点的颜色，按快捷键 Ctrl+T，单击鼠标右键，从弹出菜单中选择【斜切】，调整斜切角度，形成反光。然后为其建立剪贴蒙版，隐藏多余部分，调整不透明度，使反光更真实，如图 7-39 所示。

使用【钢笔工具】绘制木门下方的木板，注意颜色的调整，要有深浅的变化。这样木门的大部分就画好了，如图 7-40 所示。

图7-38

图7-39

图7-40

为木门绘制一些裂缝、一个小铃铛和门把手，使其更加真实，如图 7-41 所示。绘制好以后将木门图层进行编组并命名。

刻画墙面的细节，表现木板纹理。使用【钢笔工具】在墙面上任意绘制一条斜线，把【填充】设置为【无颜色】,【描边】颜色设置为深紫色，调整合适的粗细并进行复制。在复制时，线段的倾斜角度和间距要进行调整，使其具有变化。为了更加真实，添加【投影】效果，然后建立剪贴蒙版，隐藏多余部分，这样墙面的纹理就制作完成了，如图 7-42 所示。

为墙面绘制阴影和装饰性元素，还原木屋粗犷和自然的状态，如图 7-43 所示。绘制好以后将墙面图层进行编组并命名。

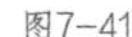

图7-41

图7-42

图7-43

为了使木牌更加真实，为木牌绘制裂缝。使用【钢笔工具】绘制一些小尖角，在属性栏上选择【减去顶层形状】，这样就得到了一块斑驳的木板，如图 7-44 所示。

为木板添加厚度、装饰图形和阴影等，使其更加自然，如图 7-45 所示。绘制好以后将木板图层进行编组并命名。

下一步是刻画窗户的细节。使用【椭圆工具】绘制一个圆形，通过建立剪贴蒙版实现立体效果。绘制一条横杠，增强窗户的结构感，如图 7-46 所示。绘制好以后将窗户图层进行编组并命名。

图7-44

图7-45

图7-46

使用同样的方法刻画屋顶和烟囱的细节，添加明暗面和纹理，如图 7-47 所示。绘制好以后将图层进行编组并命名。

为了使木屋更加生动，添加花篮元素，强化场景氛围。使用【矩形工具】【钢笔工具】和【椭圆工具】绘制花盆和叶子并刻画细节，如图 7-48 所示。

接着绘制花篮中的花朵。使用【椭圆工具】绘制一个椭圆形，填充黄色。按快捷键 Ctrl+T，在属性栏上将参考点放到最下方居中的位置，将【旋转】设置为【30°】，按 Enter 键，再按快捷键 Ctrl+Z 撤销操作，最后按快捷键 Ctrl+Alt+Shift+T 重复上一步的旋转操作。这样就得到了一朵花的形状，如图 7-49 所示。

图7-47

图7-48

图7-49

使用【椭圆工具】和【钢笔工具】绘制花蕊、花枝和花叶，然后复制图形组，移动位置并调整细节，使其更美观，如图 7-50 所示。

为了丰富花篮，使用【椭圆工具】绘制另一种形状的小花、叶片和垂下来的花枝。在绘制垂下来的花枝时，合并图层，添加【颜色叠加】效果，形成花枝的投影，如图 7-51 所示。

复制、移动并调整另一种形状的花，如图 7-52 所示。绘制好以后将花篮图层进行编组并命名。

图7-50

图7-51

图7-52

最后，使用【钢笔工具】【矩形工具】和【路径选择工具】依次绘制小草、栅栏、信箱和草丛，如图 7-53 所示。绘制好以后将图层进行编组并命名，一个清新风扁平插画就完成了。

图7-53

绘制完成后，将效果图导出为 JPG 格式文件，将最终效果的 JPG 格式文件和 PSD 格式工程文件按照要求格式命名，放到同一个文件夹，如图 7-54 所示，最后将文件夹提交给客户。

图7-54

【作业】

《小狗的冒险》是一本非常受欢迎的中文儿童绘本，讲述了一只小狗的成长历程，通过小狗的生活经历，向孩子们传递积极向上的价值观和人生哲理。这本绘本受到了很多家长和教育工作者的好评，认为这是一本很好的教育读物。这个绘本的出版商希望将其推向国际市场，让其他国家和地区的孩子们有机会了解和体验不同的文化和价值观。为此，出版商希望更新绘本封面，以适应不同文化背景的读者。出版商联系你，提出设计需求，需要你为这个绘本绘制一个扁平风格的插画封面，以吸引更多的读者。最终的设计方案需要交给出版商确认，之后，该插画将被印刷成绘本。

项目名称：儿童绘本封面插画绘制。

项目要求如下。

（1）插画需要用明亮、鲜艳的色彩来吸引孩子的注意力，同时也要让孩子感到愉悦。

（2）封面插画需要采用扁平风格，用简单、易于理解的图案和元素，让孩子能够一眼看懂，从而引起他们的阅读兴趣。

（3）插画需要体现主题和内容，让孩子能够从封面看出这本绘本的内容和主题，从而吸引他们的注意力。

（4）插画需要与绘本内部内容相符，让孩子在看完封面后能够更好地理解绘本的内容。

文件交付要求如下。

（1）文件夹命名为“YYY_儿童绘本封面插画绘制_日期”（YYY代表你的姓名，日期要包含年、月、日）。

（2）此文件夹包括以下文件：最终效果的JPG格式文件和工程文件。

（3）尺寸：2000px×2000px。颜色模式：CMYK。分辨率：300ppi。

完成时间：3天。

【作业评价】

序号	评测内容	评分标准	分值	自评	互评	师评	综合得分
01	吸引力	是否能够吸引目标读者的注意； 是否能够引起目标读者的阅读兴趣	20				
02	故事性	是否能够让读者仅通过图案和元素就想象出故事情节； 是否能够体现绘本的主题和内容	30				
03	艺术性	是否具有美感； 是否具有创意性	15				
04	协调性	是否与绘本内容相符合	15				
05	目标市场和定位	是否符合目标市场的需求	20				

注：综合得分=（自评+互评+师评）/3